高等职业教育汽车类专业活页式新形态创新教材

智能产线单机、单元仿真与调试

主　编　胡登洲　张文祥
副主编　陈　佳　刘志学　王海龙
参　编　龙　臻　汤　旎　黄　瑶　刘文韬

机械工业出版社

本书面向汽车工程和机械工程方向，重点介绍基于 UG 中的 MCD 模块对机床单机和自动化单元进行的虚拟仿真与调试，解决院校在智能产线教学中遇到的产线高投入、高损耗、高风险及难实施、难观摩、难再现等诸多问题，用大量彩色图片代替文字表述，使读者在实训操作中更容易上手。

本书包含 7 个项目。项目 1 介绍机床的 MCD 运动定义，项目 2 介绍 TNC640 加工程序编写，项目 3 介绍单机虚拟调试，项目 4 介绍机器人 MCD 运动定义，项目 5 介绍 RobotStudio 机器人路径规划，项目 6 介绍 PLC 控制程序与 HMI 画面组态，项目 7 介绍智能产线虚拟调试。

本书可供汽车制造与试验技术、数控技术、模具设计与制造、机电一体化、电气自动化等专业学生学习使用，也可作为汽车和机械相关领域管理人员和技术人员的培训教材。

图书在版编目（CIP）数据

智能产线单机、单元仿真与调试 / 胡登洲，张文祥主编. — 北京：机械工业出版社，2023.11

高等职业教育汽车类专业活页式新形态创新教材

ISBN 978-7-111-73991-3

Ⅰ.①智… Ⅱ.①胡…②张… Ⅲ.①自动生产线–系统仿真–高等职业教育–教材 ②自动生产线–调试方法–高等职业教育–教材 Ⅳ.①TP278

中国国家版本馆CIP数据核字（2023）第189238号

机械工业出版社（北京市百万庄大街22号　邮政编码100037）
策划编辑：谢　元　　　　　　责任编辑：谢　元
责任校对：薄萌钰　王　延　　封面设计：张　静
责任印制：常天培
北京宝隆世纪印刷有限公司印刷
2024年1月第1版第1次印刷
184mm×260mm・9.75印张・176千字
标准书号：ISBN 978-7-111-73991-3
定价：59.00元

电话服务　　　　　　　　　网络服务
客服电话：010-88361066　　机　工　官　网：www.cmpbook.com
　　　　　010-88379833　　机　工　官　博：weibo.com/cmp1952
　　　　　010-68326294　　金　书　网：www.golden-book.com
封底无防伪标均为盗版　　　机工教育服务网：www.cmpedu.com

丛书序

2022年5月1日，国家新修订的《中华人民共和国职业教育法》正式实施，标志着职业教育进入了全新的时代。为了加快高等职业教育改革与发展，积极推进中国特色高水平高职学校和专业建设计划，成都航空职业技术学院汽车工程学院依托四川省高水平高职学校和高水平专业群（A档）"汽车制造与试验技术专业群"，开发了这套教材。我希望能够提供汽车行业系统的实用性知识和技能，将企业所需的部分专业知识和技能延伸到学校，为汽车行业培养更多高素质技术技能人才。

这套教材可供汽车制造与试验技术、数控技术、模具设计与制造、机电一体化、电气自动化、汽车检测与维修等专业教学使用，也可供汽车和机械相关领域管理人员和技术人员使用，将丰富多彩的信息化资源融入图书中，形象地展现出制造类和汽车类专业课程的相关知识点，使学习过程变得更加智慧和高效。

（1）新形态教材 包括《汽车制造质量管理与控制》《汽车专业英语》《汽车车身制造技术》《Process Simulate制造工艺仿真应用》《汽车电子控制技术》《汽车整车装调技术》《汽车底盘电控系统检修》《二手车鉴定与评估》《新能源汽车电机驱动与控制技术》《汽车电控系统原理与应用》《汽车线控底盘技术》《新能源汽车动力电池及能源管理系统》《自动驾驶技术应用》《EPLAN电气设计技术》《汽车自动变速器检修》等。

（2）新型活页式实训教材 包括《汽车电器装调与电路分析实训指导书》《汽车自动化生产线系统集成设计实训指导书》《汽车空调实训指导书》《发动机管理系统车间实训手册》《汽车底盘电控系统检修实训手册》《汽车钣金基础知识》《JLR PDI实训教材》《智能产线单机、单元仿真与调试》等。

本丛书的特点如下：

（1）由具有丰富教学经验的教师和汽车、机械相关企业的一线人员和管理人员共同编写，贴合企业岗位的实际需求。

（2）强调理论知识与企业实际需求的结合，书中所提及的案例大部分来自企业，贴近汽车行业真实场景，实用性较强。

（3）部分教材采用"任务导向"的形式进行编写，明确学习目标及任务，注重学习过程，能有效提升学生学习能力，为培养高素质技术技能人才奠定基础。

（4）为知识点配备微课视频、教学视频、动画和企业案例视频等信息化资源，读者可以通过扫描封底二维码免费观看，实现线上线下同步学习，丰富学习形式，提升学习效率。

全国汽车职业教育教学指导委员会秘书长
中国汽车工程学会汽车应用与服务分会秘书长

前言

装备制造技术正从单机生产逐渐转向数字化、自动化、智能化生产，为更好地满足企业技术进步和人才培养需求，高职高专院校和职业本科院校开设了智能制造相关专业。为了解决实习实训问题，很多院校投入资金建立智能化生产线，但也存在高投入、高损耗、高风险及难实施、难观摩、难再现等问题。国家针对此问题要求建立虚拟仿真平台，通过虚实结合的手段提高教学质量。既然使用虚拟仿真平台进行教学，就需要一本好的虚拟仿真教材的支撑，但市场上手把手讲解虚拟仿真的教材很少。

本书分为7个项目，每个项目下有对应的任务内容和学生练习任务，每个任务中使用了大量的彩色图片代替文字的表述，使学生对照书本练习时，更容易上手。本书有丰富的网上教学资源，与航空结构件柔性线实训课程（校级精品开放课程）通用，待充实教学资源后将申报省级精品在线开放课程。

本书由胡登洲、张文祥担任主编，陈佳、刘志学、王海龙担任副主编，龙臻、汤旎、黄瑶、刘文韬参编。胡登洲主要负责全书统稿和编写项目2、项目3、项目4、项目5，张文祥编写项目6、项目7，陈佳编写项目1中任务1.1、任务1.2，刘志学编写项目1中任务1.3，王海龙编写项目1中任务1.4，龙臻编写项目1中任务1.5，汤旎编写项目1中任务1.6，黄瑶和刘文韬编写项目1中任务1.7。本书的编写工作得到了成都航空职业技术学院汽车工程学院、航空装备制造产业学院和四川建科旗云科技有限公司的大力支持，在此表示诚挚的感谢。

由于编者水平有限，疏漏之处在所难免，敬请读者及有关专家批评指正。

编　者

活页式教材使用注意事项

 根据需要,从教材中选择需要夹入活页夹的页面。

 小心地沿页面根部的虚线将页面撕下。为了保证沿虚线撕开,可以先沿虚线折叠一下。注意:一次不要同时撕太多页。

选购孔距为80mm的双孔活页文件夹,文件夹要求选择竖版,不小于B5幅面即可。将撕下的活页式教材装订到活页夹中。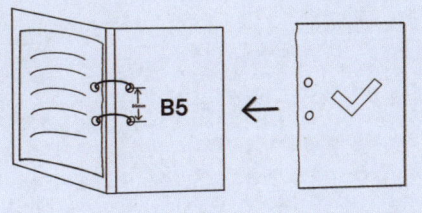

 也可将课堂笔记和随堂测验等学习资料,经过标准的孔距为80mm的双孔打孔器打孔后,和教材装订在同一个文件夹中,以方便学习。

温馨提示:在第一次取出教材正文页面之前,可以先尝试撕下本页,作为练习

目 录

丛书序
前　言

项目 1　机床的 MCD 运动定义

任务 1.1　机床模型导入 / 001
　　1.1.1　E700U 模型导入 / 001
　　1.1.2　创建加工零件 / 001
　　1.1.3　将加工零件导入机床中并装配 / 003
　　1.1.4　练习 / 004

任务 1.2　机床刚体属性定义 / 005
　　1.2.1　刚体定义 / 005
　　1.2.2　定义 X 轴 / 005
　　1.2.3　定义 Z 轴 / 006
　　1.2.4　定义 B 轴 / 006
　　1.2.5　定义 C 轴 / 007
　　1.2.6　定义机床门刚体 / 008
　　1.2.7　练习 / 009

任务 1.3　机床运动定义（滑动副、铰链副）/ 009
　　1.3.1　运动定义（滑动副）/ 009
　　1.3.2　定义 X 方向滑动副 / 010
　　1.3.3　定义 Y 方向滑动副 / 010
　　1.3.4　定义 Z 方向滑动副 / 011
　　1.3.5　定义 B 轴方向铰链副 / 012
　　1.3.6　定义 C 轴方向铰链副 / 012
　　1.3.7　定义机床门滑动副 / 013
　　1.3.8　练习 / 014

任务 1.4　机床运动控制运动副 / 015
　　1.4.1　添加 X 轴运动副的位置控制 / 016
　　1.4.2　添加 Y 轴运动副的位置控制 / 016
　　1.4.3　添加 Z 轴运动副的位置控制 / 017
　　1.4.4　添加 B 轴运动副的位置控制 / 017

1.4.5 添加 C 轴运动副的位置控制 / 018
1.4.6 添加机床门运动副的位置控制 / 018
1.4.7 练习 / 019

任务 1.5 创建信号表关联位置控制 / 020

1.5.1 创建信号表 / 020
1.5.2 创建 X 轴信号 / 021
1.5.3 创建 Y 轴信号 / 021
1.5.4 创建 Z 轴信号 / 021
1.5.5 创建 B 轴信号 / 022
1.5.6 创建 C 轴信号 / 023
1.5.7 练习 / 024

任务 1.6 创建机床开关门信号 / 024

1.6.1 创建主门信号 / 024
1.6.2 创建进给信号 / 025

任务 1.7 创建仿真序列绑定信号 / 026

1.7.1 创建主门控制仿真序列 / 026
1.7.2 创建进给门控制仿真序列 / 027
1.7.3 练习 / 028

项目 2
TNC640 加工程序编写

任务 2.1 基本组态 / 029

2.1.1 标准坐标定义 / 029
2.1.2 键盘功能说明 / 030
2.1.3 机床确认掉电信息和移至原点 / 032
2.1.4 设置刀具 / 033
2.1.5 控制主轴和冷却液的 M 功能 / 035

任务 2.2 创建加工程序 / 035

2.2.1 新建程序 / 035
2.2.2 定义工件毛坯尺寸 / 036
2.2.3 工件加工的刀具运动编程 / 037
2.2.4 路径轮廓——直角坐标 / 039

任务 2.3 仿真运行 / 043

2.3.1 测试运行 / 043
2.3.2 程序运行 / 044

任务 2.4　系统功能设置 / 046
- 2.4.1　IP 设置 / 046
- 2.4.2　PLC 设置（I/O 表）/ 049
- 2.4.3　练习 / 051

项目 3　单机虚拟调试

任务 3.1　MCD 调试准备 / 052
- 3.1.1　NX 配置 TCP / 052
- 3.1.2　NX 信号映射 / 053

任务 3.2　TNC640 准备调试 / 053
- 3.2.1　打开 PLC 设置 / 053
- 3.2.2　RS 中间件 / 053

任务 3.3　虚拟调试 / 055

项目 4　机器人 MCD 运动定义

任务 4.1　机器人在 MCD 中的数字化模型 / 056
- 4.1.1　模型导入 / 056
- 4.1.2　机器人刚体属性定义 / 058
- 4.1.3　机器人夹具握爪定义 / 060
- 4.1.4　机器人运动定义（铰链副）/ 061
- 4.1.5　机器人运动控制驱动（位置控制）/ 063
- 4.1.6　创建信号关联机器人驱动 / 064
- 4.1.7　练习 / 067

任务 4.2　机床在 MCD 中的数字化模型 / 067
- 4.2.1　模型导入 / 067
- 4.2.2　机床刚体属性定义 / 068
- 4.2.3　机床运动定义（滑动副）/ 069
- 4.2.4　机床门运动控制驱动（位置控制）/ 070
- 4.2.5　创建信号并关联机床门驱动 / 070
- 4.2.6　添加运行时表达式检测机床开关门 / 072
- 4.2.7　练习 / 073

任务 4.3　检测机在 MCD 中的数字化模型 / 073
- 4.3.1　模型导入 / 073
- 4.3.2　检测机刚体属性定义 / 074
- 4.3.3　检测机运动定义（滑动副）/ 076

4.3.4 检测机运动控制（位置控制）/ 078
4.3.5 仿真序列控制检测机检测 / 079
4.3.6 练习 / 081

任务 4.4 电极料架在 MCD 的数字化模型 / 081
4.4.1 模型导入 / 081
4.4.2 电极料架刚体属性定义 / 082
4.4.3 固定电极座 / 083
4.4.4 练习 / 084

任务 4.5 创建总装配 / 084
4.5.1 绘制地板 / 084
4.5.2 添加组件 / 084
4.5.3 进入 MCD 模块 / 085

项目 5
RobotStudio 机器人路径规划

任务 5.1 基本组态 / 086
5.1.1 新建项目 / 086
5.1.2 添加机器人 / 086
5.1.3 添加系统 / 087
5.1.4 示教器简单操作 / 089
5.1.5 练习 / 091

任务 5.2 信号创建及交互 / 091
5.2.1 添加 I/O 板卡 / 091
5.2.2 添加 I/O 信号 / 093
5.2.3 PROFINET 网络设置 / 095
5.2.4 练习 / 098

任务 5.3 添加与 PLC 通信信号 / 098
5.3.1 添加信号 / 098
5.3.2 输入信号与系统信号关联 / 099
5.3.3 练习 / 101

任务 5.4 在示教器中添加程序 / 102
5.4.1 添加初始化程序 / 102
5.4.2 设置开机启动项 / 104
5.4.3 导入标准区域块程序模块 / 105
5.4.4 练习 / 106

　　　　　　　　任务 5.5　RobotStudio 数据备份 / 106
　　　　　　　　　　5.5.1　RobotStudio 文件共享 / 106
　　　　　　　　　　5.5.2　机器人备份导入 / 107

项目 6
PLC 控制程序与 HMI 画面组态

任务 6.1　工艺流程分析 / 109
任务 6.2　I/O 表分配 / 109
任务 6.3　PLC 项目创建 / 111
　　6.3.1　PLC 组态及 HMI 组态 / 111
　　6.3.2　PLC 硬件属性设置 / 115
　　6.3.3　练习 / 116
任务 6.4　PLC 程序编写 / 117
　　6.4.1　21 机器人控制程序（FC21）/ 117
　　6.4.2　201 从料架取零件（FC201）/ 118
　　6.4.3　202 放零件到机床（FC202）/ 118
　　6.4.4　203 从机床取零件（FC203）/ 118
　　6.4.5　204 放零件到测量机（FC204）/ 119
　　6.4.6　205 测量机开始测量（FC205）/ 119
　　6.4.7　206 从测量机取零件（FC206）/ 120
　　6.4.8　207 加工完成放回零件（FC207）/ 120
　　6.4.9　练习 / 121
任务 6.5　HMI 画面组态 / 121
　　6.5.1　画面创建 / 121
　　6.5.2　基本画面 / 121
　　6.5.3　绑定变量 / 121
　　6.5.4　练习 / 122

项目 7
智能产线虚拟调试

任务 7.1　PLC 调试准备 / 124
　　7.1.1　启动 PLC 的 OPC UA 服务器及设置参数 / 124
　　7.1.2　启动虚拟 PLC（Advanced）/ 125
　　7.1.3　PLC 程序下载 / 126
　　7.1.4　程序在线与监视 / 128
　　7.1.5　HMI 界面仿真 / 129

7.1.6 练习 / 131

任务 7.2　MCD 调试准备 / 131

7.2.1 NX 配置 OPC UA/ 131
7.2.2 NX 信号映射 / 134
7.2.3 练习 / 134

任务 7.3　机器人准备调试 / 134

7.3.1 准备机器人环境 / 134
7.3.2 RS 中间件 / 135
7.3.3 练习 / 136

任务 7.4　虚拟调试 / 136

7.4.1 机器人的程序调试 / 136
7.4.2 PLC 调试 / 138
7.4.3 MCD 仿真 / 140
7.4.4 最终效果 / 141

参 考 文 献 / 142

项目 1　机床的 MCD 运动定义

任务 1.1　机床模型导入

1.1.1　E700U 模型导入

NX 导入 IGES 模型（模型路径:\单机虚拟调试资源包\机床模型\E700U 参考模型\E700U 装配）在文件菜单栏下选择"导入—导入 IGES 文件"，选择 IGES 文件，如图 1-1 所示。导入成功后，保存文件。

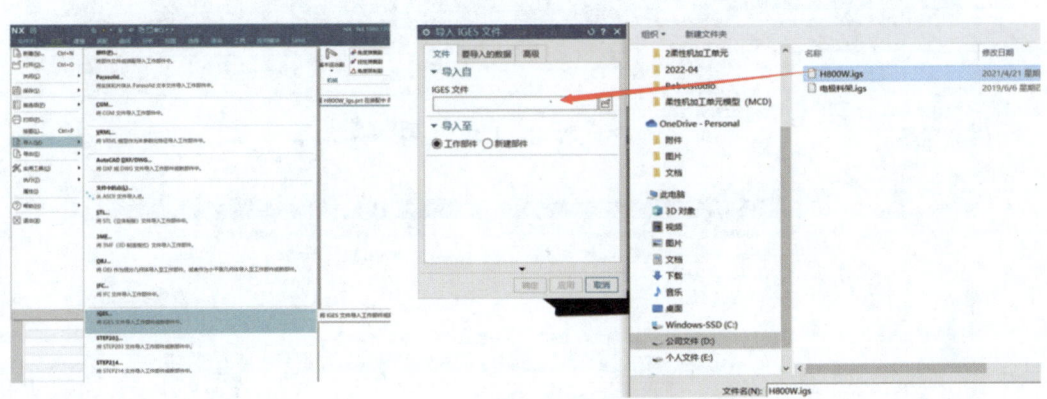

图 1-1　模型导入

导入后，机床模型如图 1-2 所示。

1.1.2　创建加工零件

启动 NX 1980 软件，在新建模型中创建名为"物料"的模型文件，并将模型文件保存至机床文件统一路径下，如图 1-3 所示。

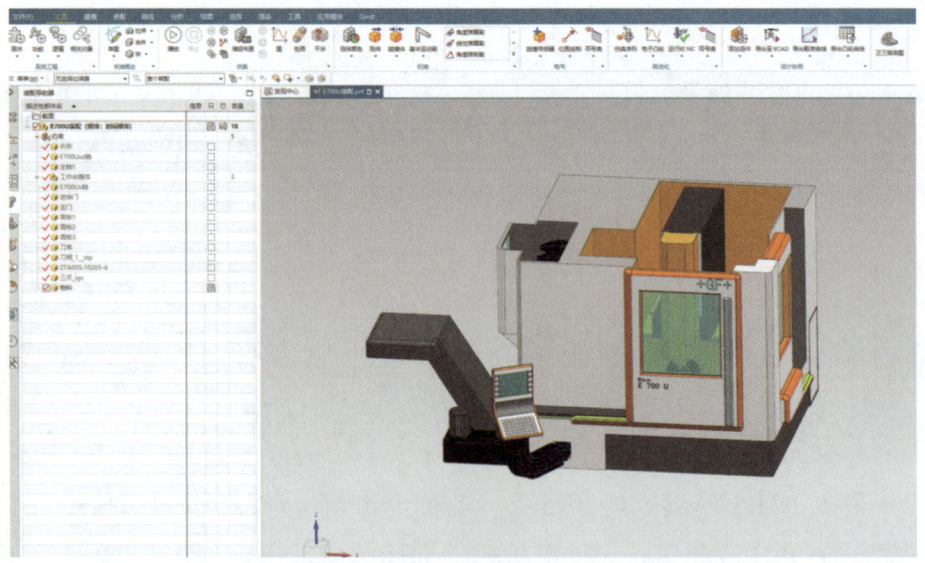

图 1-2 机床模型

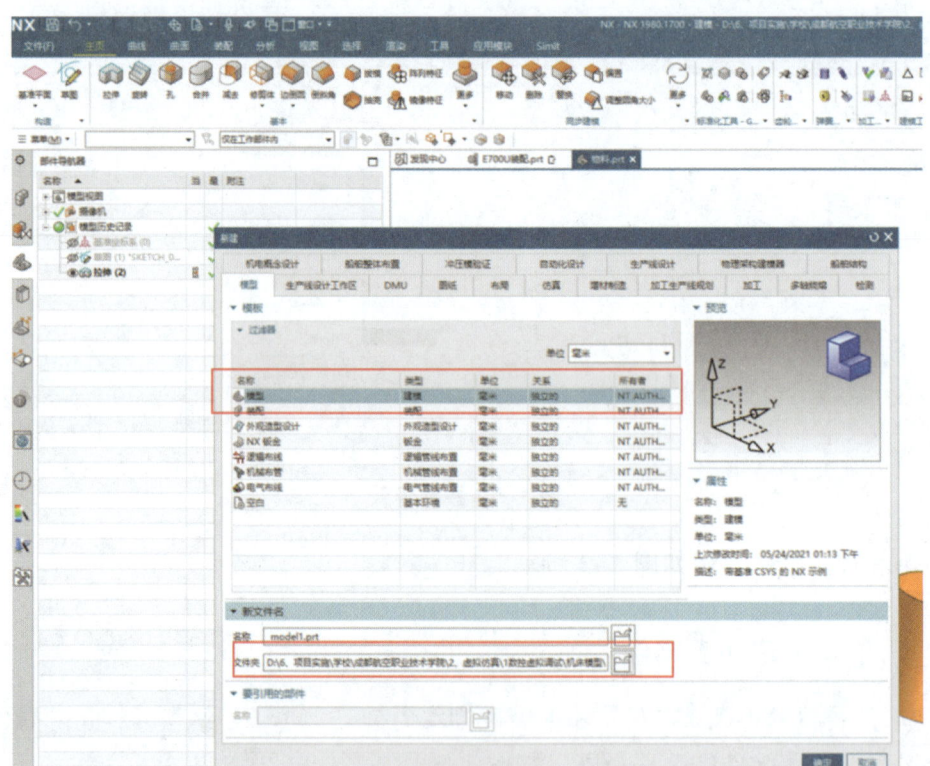

图 1-3 创建加工零件

模型创建后,单击草图,绘制直径为 56mm 的圆,如图 1-4 所示,拉伸后的零件模型如图 1-5 所示。

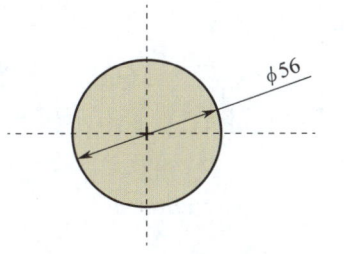
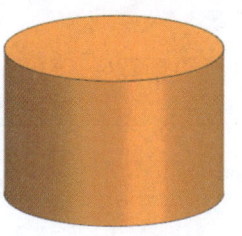

图 1-4　创建草图　　　　图 1-5　零件模型

1.1.3　将加工零件导入机床中并装配

在机床模型中单击"装配",找到加工零件存放路径,选择物料模型,如图 1-6 所示。

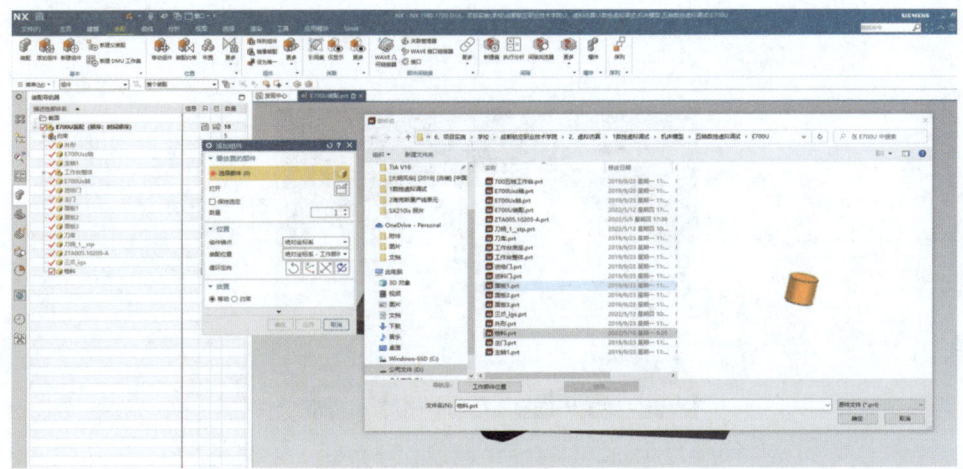

图 1-6　添加模型

通过移动组件和装配约束将模型移动到加工位置(三爪卡盘),如图 1-7 所示。

图 1-7　装配加工零件

1.1.4 练习

在 NX 建模板块创建一个 Part 模型,绘制直径为 56mm、高度为 50mm 的圆柱体,如图 1-8 所示,并将其导入、装配至 E700U 卡盘中,如图 1-9 所示。

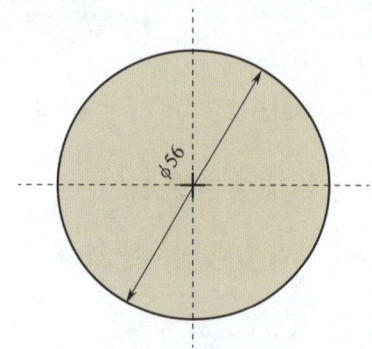

图 1-8 圆柱体草图

图 1-9 装配至 E700U 卡盘中

将模型(模型路径:\单机虚拟调试资源包\机床模型\E700U 参考模型\刀柄(1).stp)导入进 E700U 中,并进行装配,如图 1-10 所示。(注:先将 STP 转成 Part 文件,再进行导入)

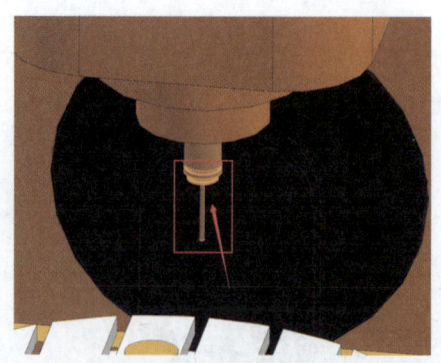

图 1-10 装配效果

任务 1.2　机床刚体属性定义

1.2.1　刚体定义

在 MCD 中，物体要能如同真实世界中那样运动必须设置为"刚体"，当物体为刚体对象时才能受到重力或其他作用力的影响，所以需要将机床的五个轴设置为"刚体"。

刚体对话框中主要涉及选择刚体对象，即模型部分；质量与惯性矩，一般为"自动"；以及刚体命名，刚体参数如图 1-11 所示。

1.2.2　定义 X 轴

在 MCD 中选择菜单栏中的"刚体"，刚体选择为"E700U 的 X 轴移动部分"并命名为"X 轴"，如图 1-12 所示。

定义 Y 轴操作同上，将 Y 轴移动部分设置为"刚体"，如图 1-13 所示。

图 1-11　刚体参数

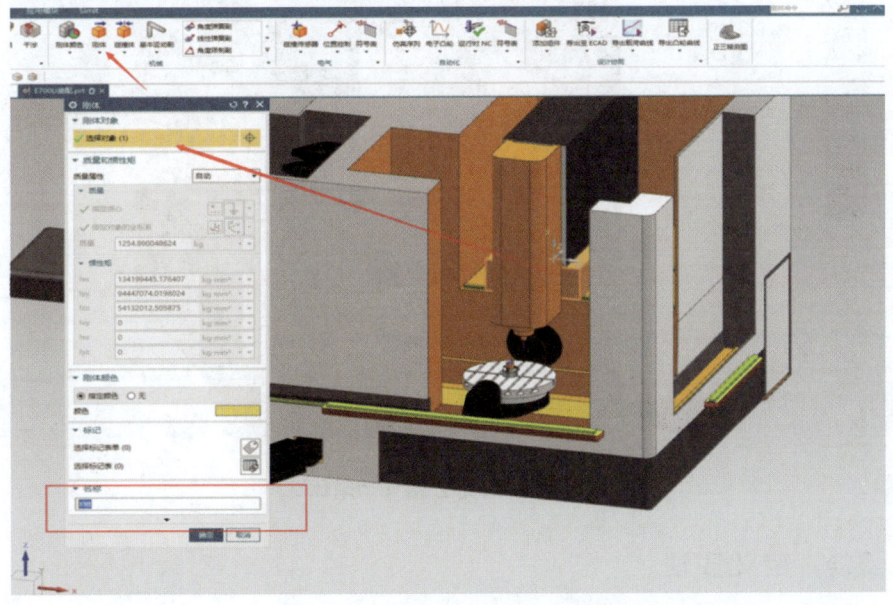

图 1-12　定义 X 轴为"刚体"

项目 1　机床的 MCD 运动定义

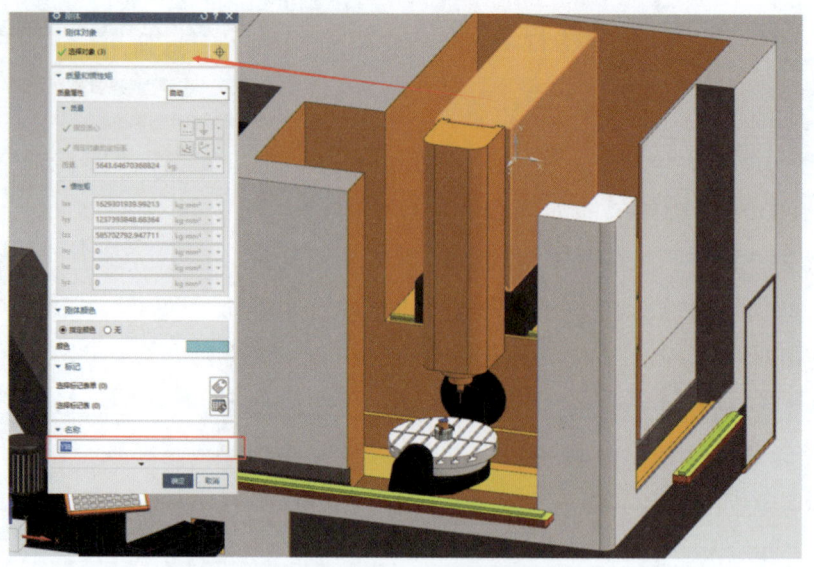

图 1-13 定义 Y 轴为"刚体"

1.2.3 定义 Z 轴

同理,将 Z 轴移动的模型设置为"刚体",如图 1-14 所示。

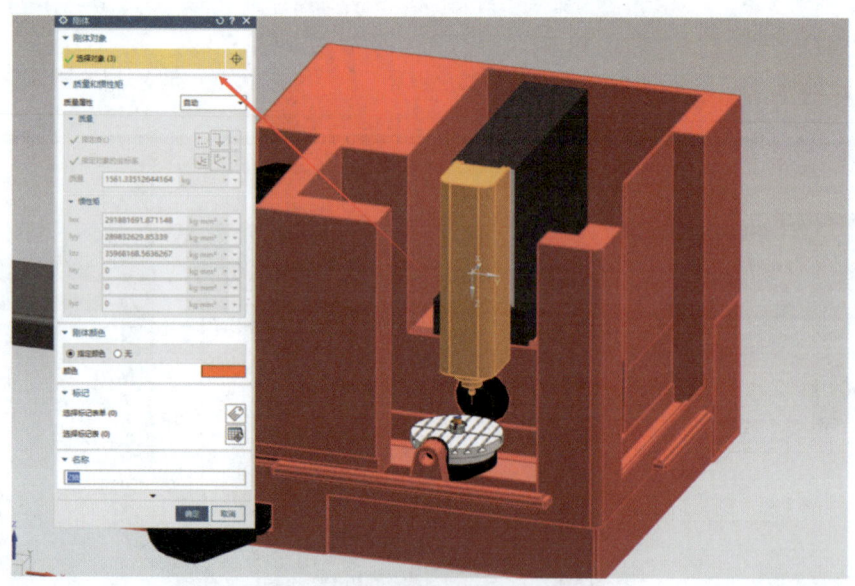

图 1-14 定义 Z 轴为"刚体"

1.2.4 定义 B 轴

定义 B 轴同上,将 B 轴移动的模型设置为"刚体",即工作台摇篮。B 轴为平行于 Y 轴方向的轴,如图 1-15 所示。

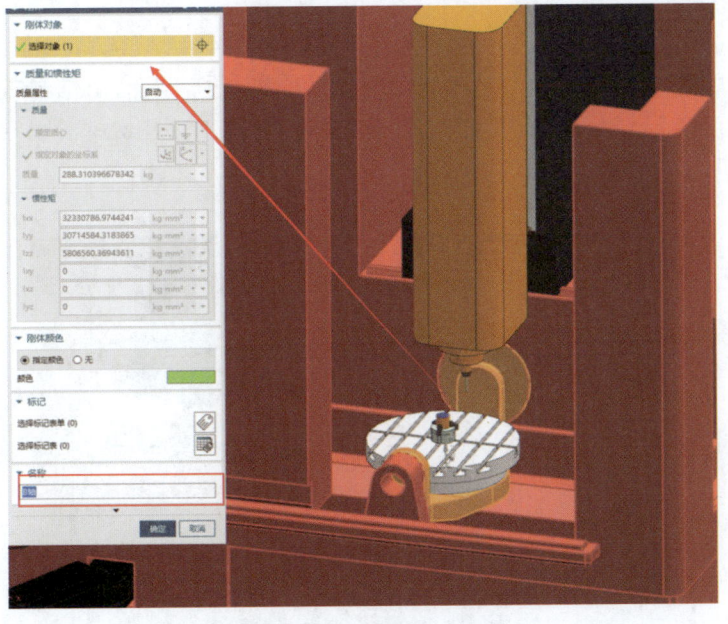

图 1-15 定义 B 轴为 "刚体"

1.2.5 定义 C 轴

同理,将 C 轴移动的模型设置为"刚体",即工作台及卡盘。C 轴为平行于 Z 轴方向的轴,如图 1-16 所示。

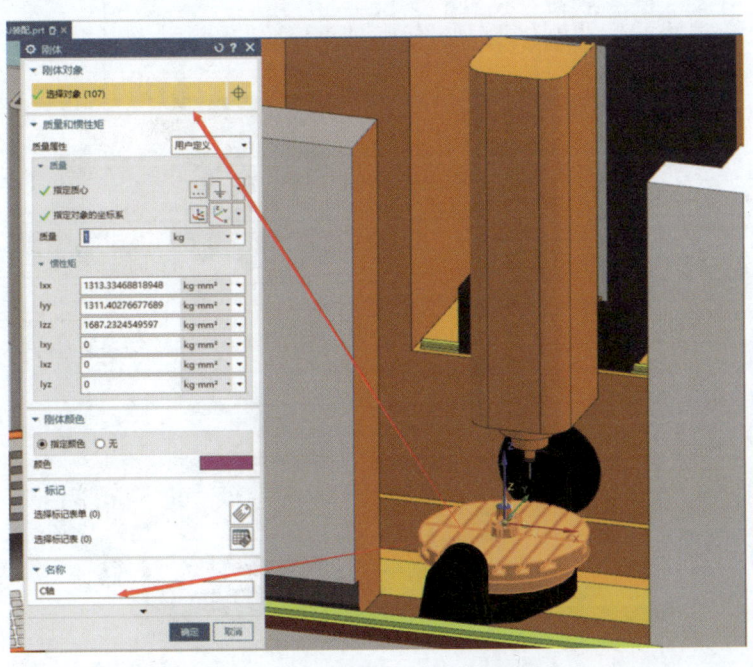

图 1-16 定义 C 轴为 "刚体"

1.2.6 定义机床门刚体

除了机床几个轴运动外,在 MCD 中还可以通过输入输出信号控制机床开关门,所以可以将 E700U 的两个机床门定义为"刚体"。定义机床主门为"刚体",如图 1-17 所示。

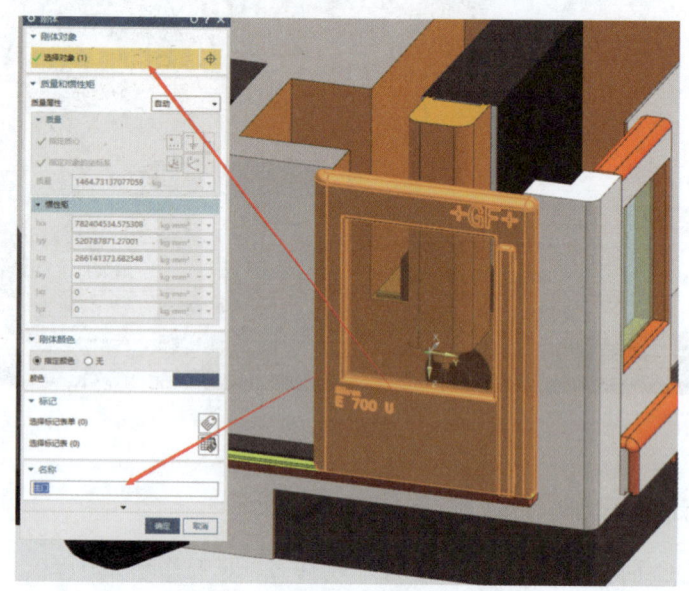

图 1-17 定义机床主门为"刚体"

定义机床进给门为"刚体",如图 1-18 所示。

图 1-18 定义机床进给门为"刚体"

1.2.7 练习

进入 NX MCD 板块，对 E700U 模型中的 X 轴、Y 轴、Z 轴、B 轴、C 轴及两个机床门定义刚体属性，如图 1-19 所示，使其在播放时会有重力属性下落，如图 1-20 所示。

☑ ⊙ B 轴	刚体
☑ ⊘ C 轴	刚体
☑ ⊙ X 轴	刚体
☑ ⊙ Y 轴	刚体
☑ ⊙ Z 轴	刚体
☑ ⊙ 进给门	刚体
☑ ⊘ 主门	刚体

图 1-19 完成效果

图 1-20 演示效果

任务 1.3 机床运动定义（滑动副、铰链副）

1.3.1 运动定义（滑动副）

使用滑动副命令在两个刚体之间建立一个关节，允许一个沿轴线的平移自由度。滑动副不允许在两个主体之间的任何方向上做旋转运动。

选择连接件：选择需要被滑动副约束的刚体。

选择基本件：选择连接件所依附的刚体。如果基本件参数为空，则代表连接件和地面连接。

指定轴矢量：指定滑动副移动的轴矢量。

限制：上限，设置一个限制旋转运动的上限值；下限，设置一个限制旋转运动的下限值。

名称：定义滑动副的名称，参数设置如图 1-21 所示。

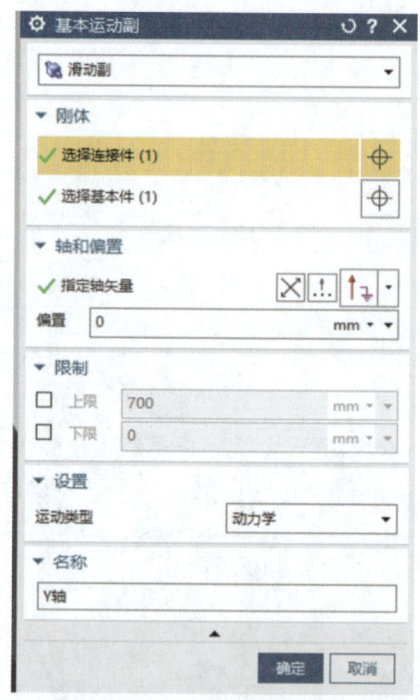

图 1-21 滑动副参数设置

1.3.2 定义 X 方向滑动副

定义机床轴沿着 X 方向移动的滑动副，因为 X 方向没有相对运动，所以基本件为大地，基本件不选。连接件选择定义好的 X 轴刚体，轴矢量为 X 方向，设置如图 1-22 所示。

1.3.3 定义 Y 方向滑动副

定义机床轴沿着 Y 方向移动的滑动副，基本件为 X 轴的刚体。连接件选择定义好的 Y 轴刚体，轴矢量为 Y 方向，设置如图 1-23 所示。

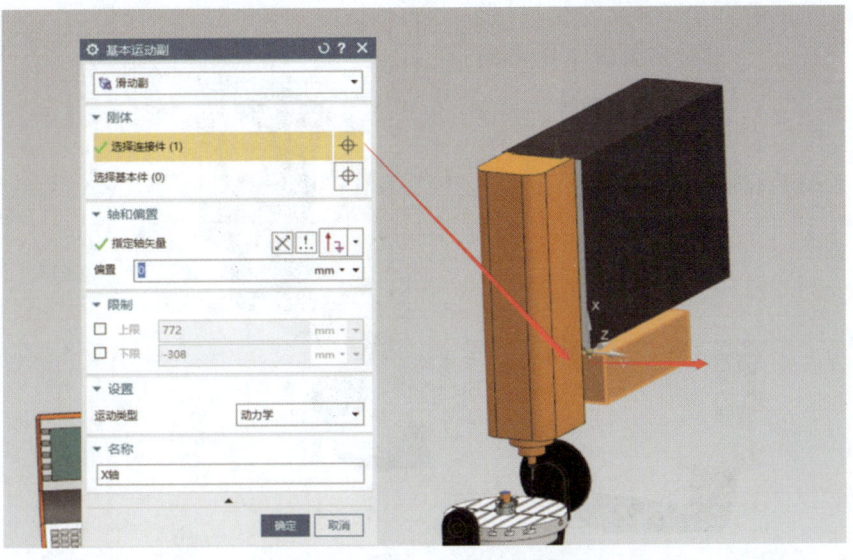

图 1-22 定义 X 方向滑动副

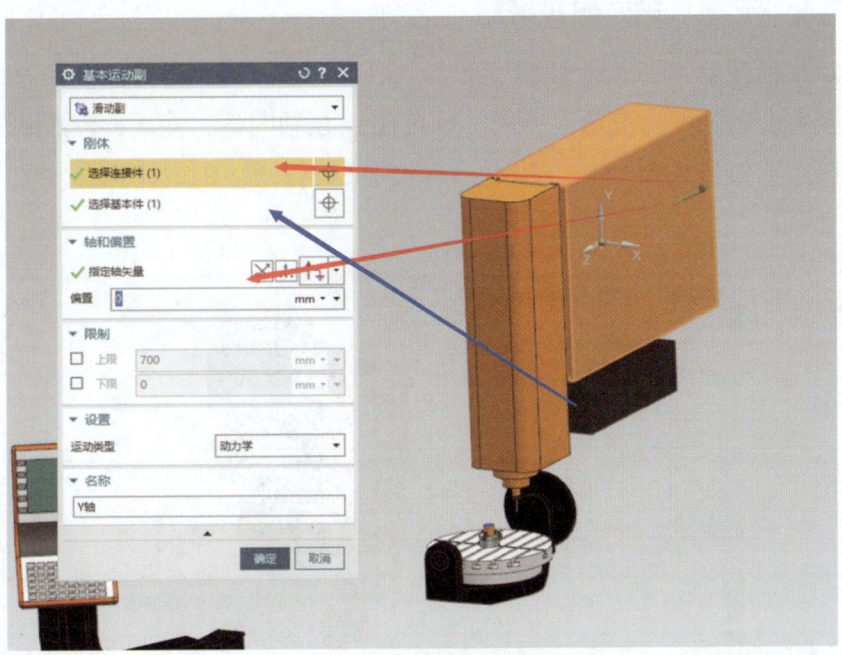

图 1-23 定义 Y 方向滑动副

1.3.4 定义 Z 方向滑动副

定义机床轴沿着 Z 方向移动的滑动副，基本件为 Y 轴的刚体。连接件选择定义好的 Z 轴刚体，轴矢量为 Z 方向，设置如图 1-24 所示。

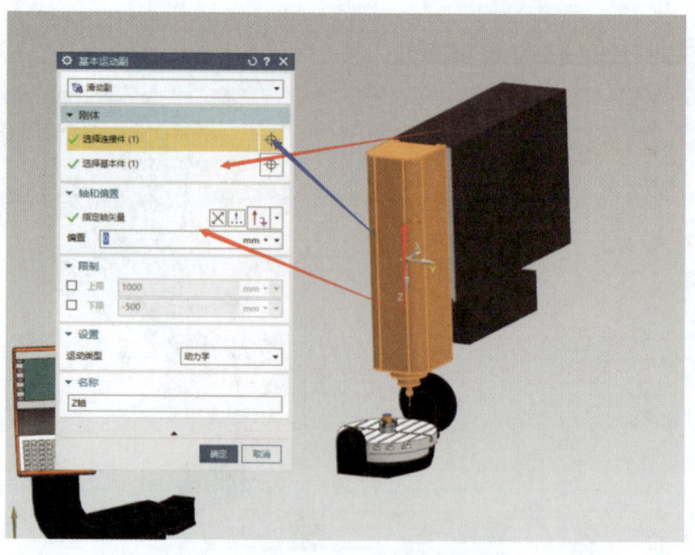

图 1-24　定义 Z 方向滑动副

1.3.5　定义 B 轴方向铰链副

因为 B 轴绕着 Y 方向做旋转运动，所以运动副不再是滑动副，而是铰链副。铰链副参数设置基本与滑动副相同。连接件为 B 轴刚体，基本件没有相对运动，所以不选。轴矢量为 Y 方向，锚点为旋转中心。上限 181，下限 -178，设置如图 1-25 所示。

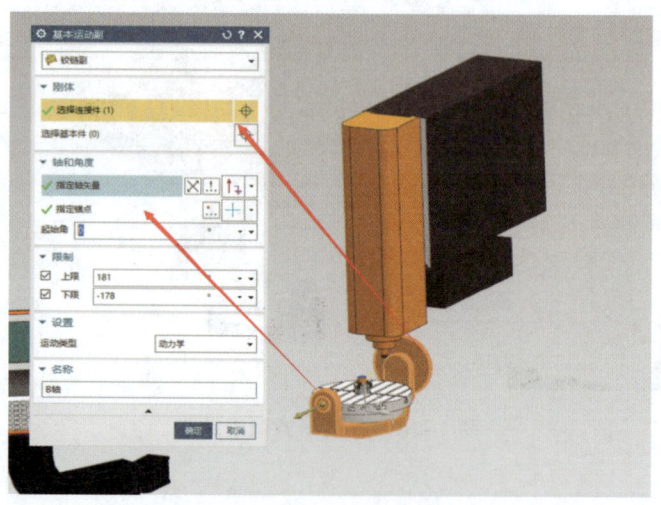

图 1-25　定义 B 轴方向铰链副

1.3.6　定义 C 轴方向铰链副

因为 C 轴绕着 Z 方向做旋转运动，连接件为 C 轴刚体，基本件为 B 轴刚体，轴矢量为 Z 方向，锚点为旋转中心，上下限分别为 –360、360，设置如图 1-26 所示。

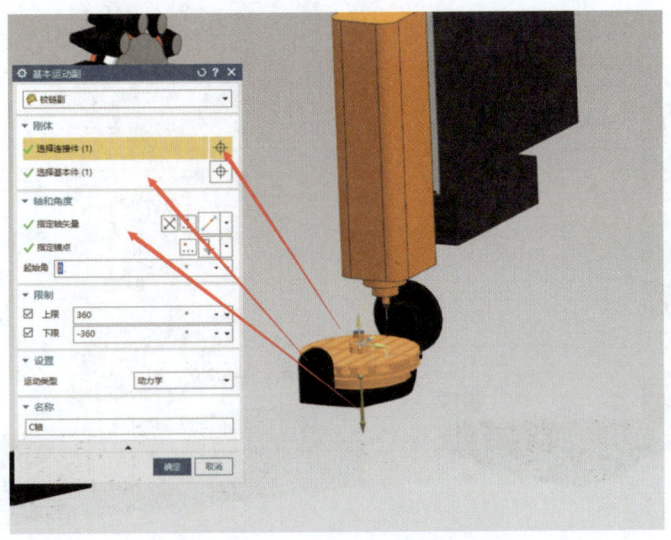

图 1-26　定义 C 轴方向铰链副

1.3.7　定义机床门滑动副

机床门的移动也是通过滑动副实现，所以将进给门和主门同样添加滑动副，分别命名为"进给门""主门"。进给门滑动副设置如图 1-27 所示，主门滑动副设置如图 1-28 所示。

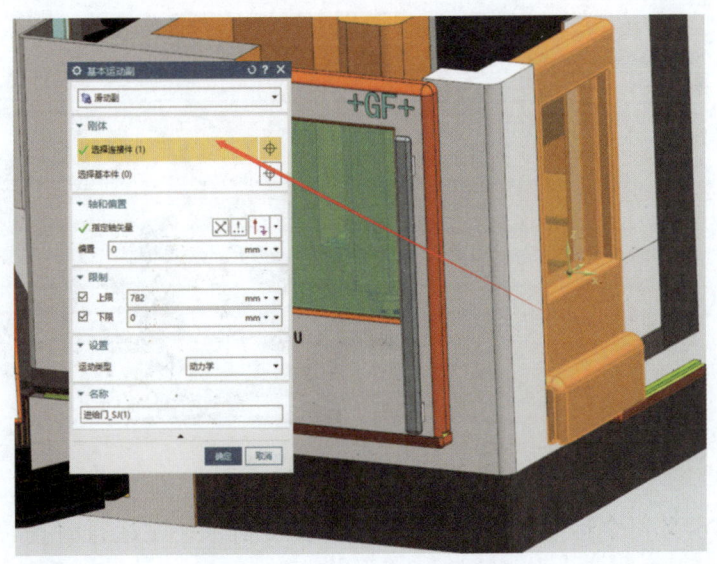

图 1-27　进给门滑动副设置

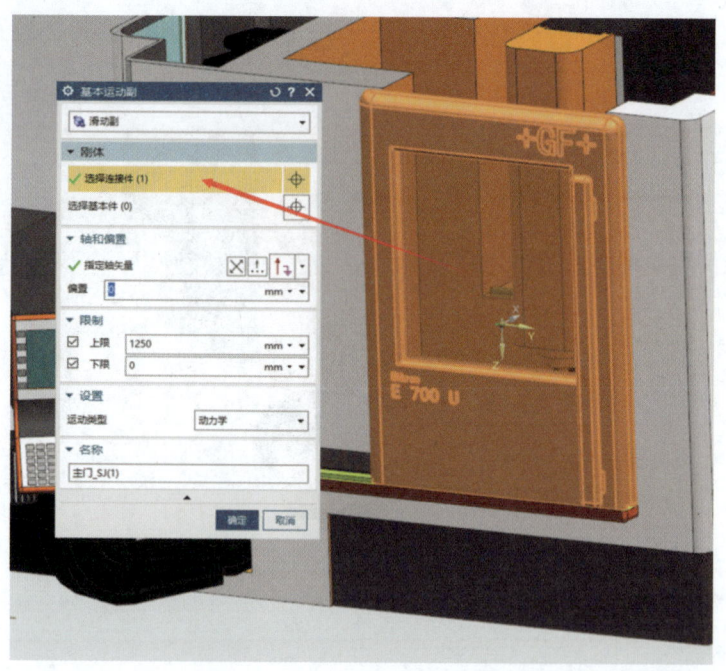

图 1-28 主门滑动副设置

1.3.8 练习

1)分别定义每个运动部件(X、Y、Z、机床门)的滑动副,并在运行时查看面板中可以移动位置查看。实现的效果如图 1-29 所示。

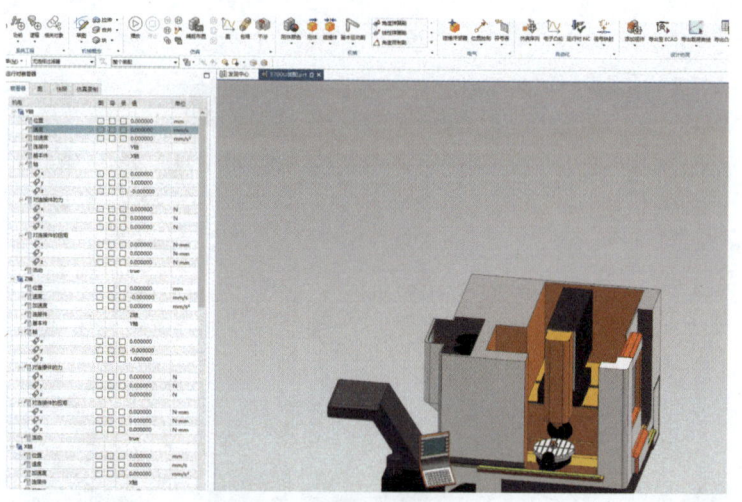

图 1-29 滑动副效果参考

2)分别定义每个运动部件(B、C)的铰链副,并在运行时查看面板中可以旋转位置查看。实现的效果如图 1-30 所示。

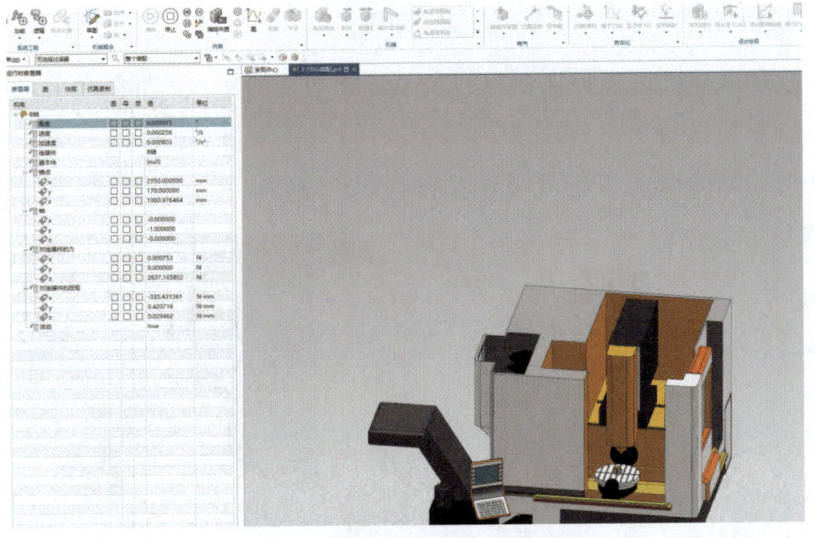

图 1-30 铰链副效果参考

任务 1.4 机床运动控制运动副

位置控制添加在运动副上，驱动由运动副约束的刚体以预设的参数运动到指定的位置。这些预设的参数可以是位置、速度、加速度、加加速度、力矩或者转矩，位置控制参数设置如图 1-31 所示。

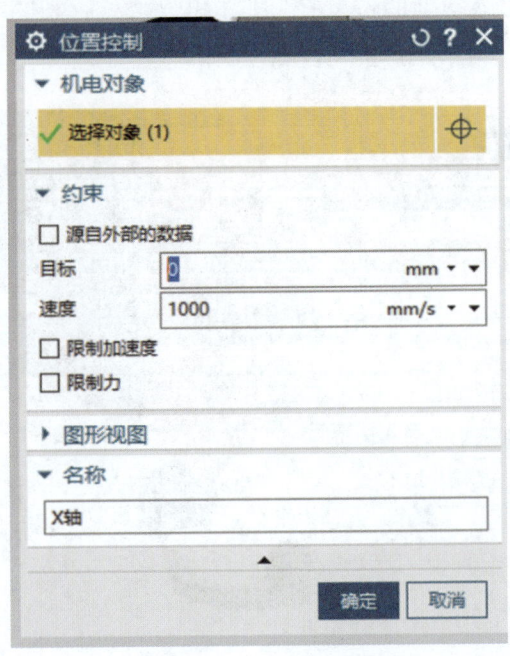

图 1-31 位置控制参数

1.4.1 添加 X 轴运动副的位置控制

通过读取虚拟机机床各轴方向的实时位置来驱动轴,目标赋值为"0",后面通过信号绑定给位置值,速度为"1000",当有数据通过时,X 位置控制按照速度为"1000"的值沿着 X 轴方向移动到数据目标点,如图 1-32 所示。

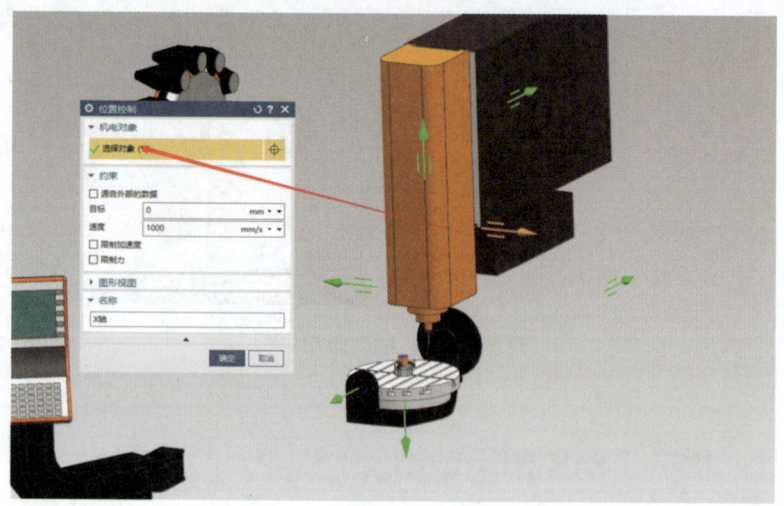

图 1-32 添加 X 轴位置控制

1.4.2 添加 Y 轴运动副的位置控制

同理,添加 Y 轴运动副的位置控制,机电对象选择"Y 轴运动副",目标为"0",速度为"1000",如图 1-33 所示。

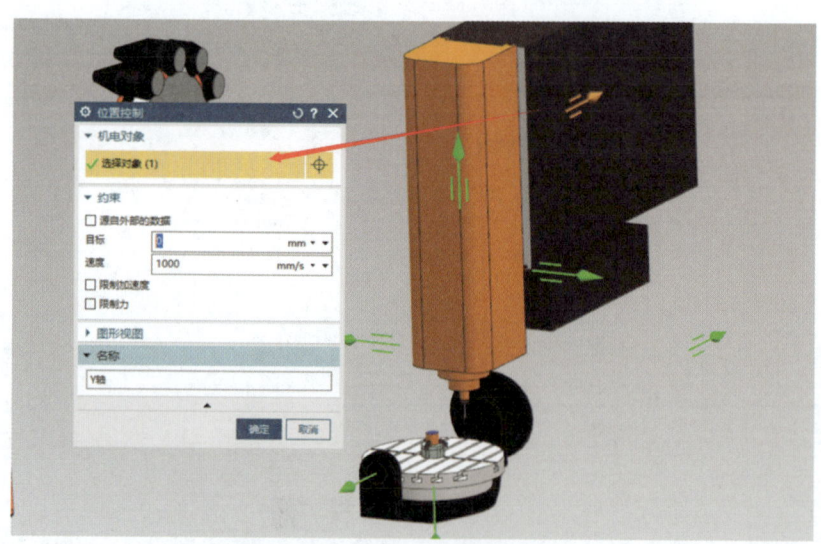

图 1-33 添加 Y 轴位置控制

1.4.3 添加 Z 轴运动副的位置控制

同理，添加 Z 轴运动副的位置控制，机电对象选择"Z 轴运动副"，目标为"0"，速度为"1000"，如图 1-34 所示。

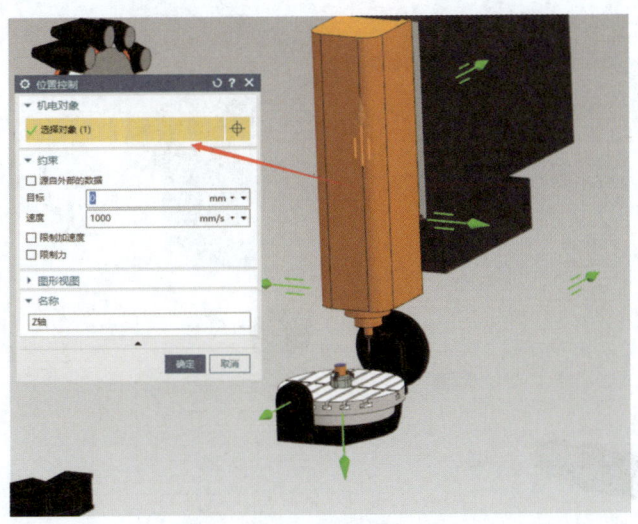

图 1-34 添加 Z 轴位置控制

1.4.4 添加 B 轴运动副的位置控制

铰链副的位置控制与滑动副基本一致，但是一般机床是沿最短路径旋转，所以角路径选项选择"沿最短路径"，同样目标为"0"，速度为"1000"，如图 1-35 所示。

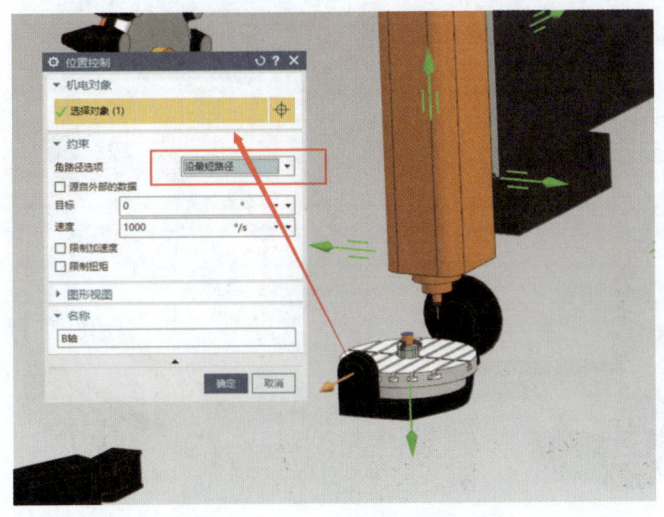

图 1-35 添加 B 轴位置控制

1.4.5 添加 C 轴运动副的位置控制

同理，添加 C 轴运动副的位置控制，如图 1-36 所示。

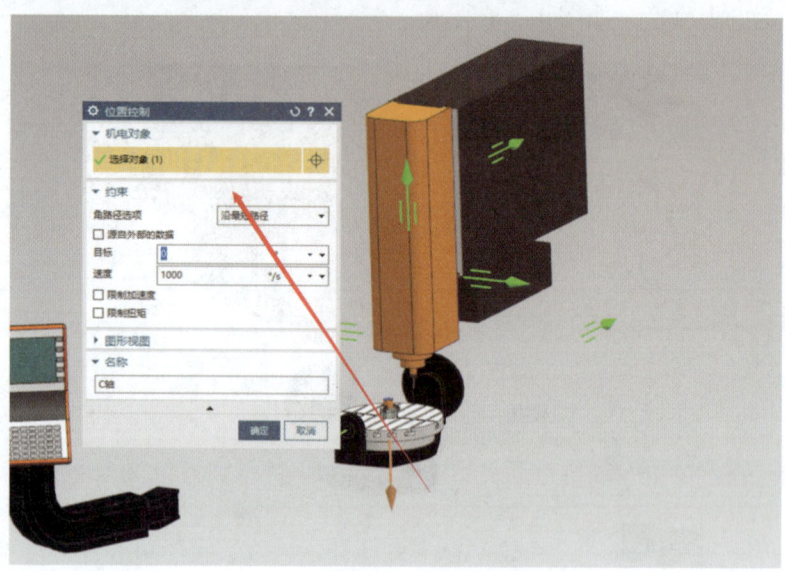

图 1-36　添加 C 轴位置控制

1.4.6 添加机床门运动副的位置控制

同理，机床门的进给门添加位置控制如图 1-37 所示，主门添加位置控制如图 1-38 所示。

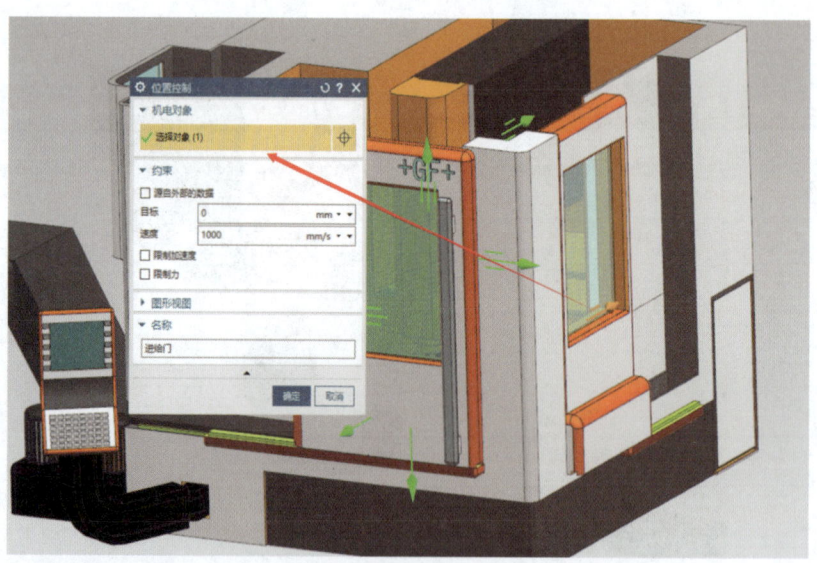

图 1-37　添加进给门位置控制

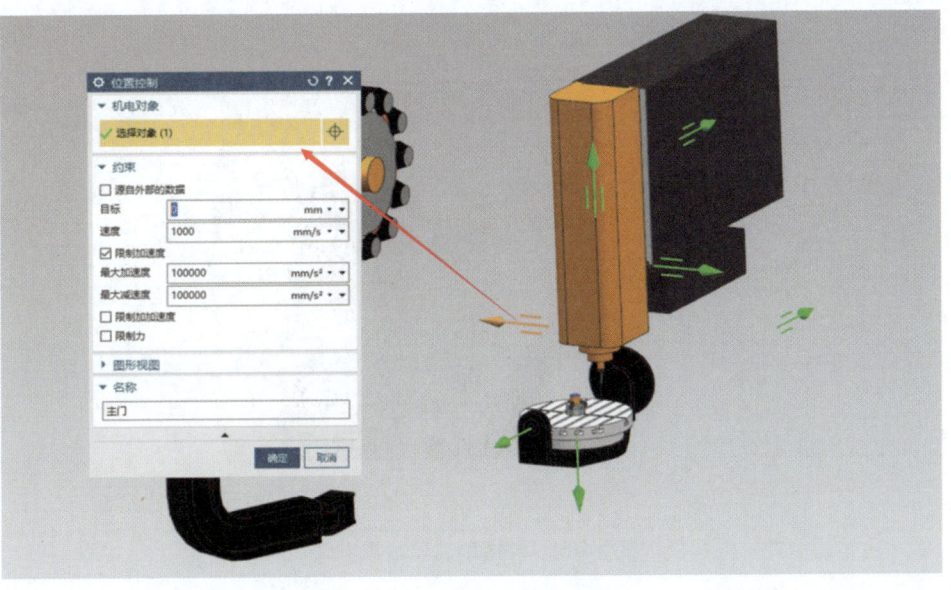

图 1-38 添加主门位置控制

1.4.7 练习

分别给每个运动部件（X、Y、Z、B、C、机床门）的运动副添加位置控制，如图 1-39 所示，并在运行时行为面板中修改位置和速度实现如下效果，如图 1-40 所示。

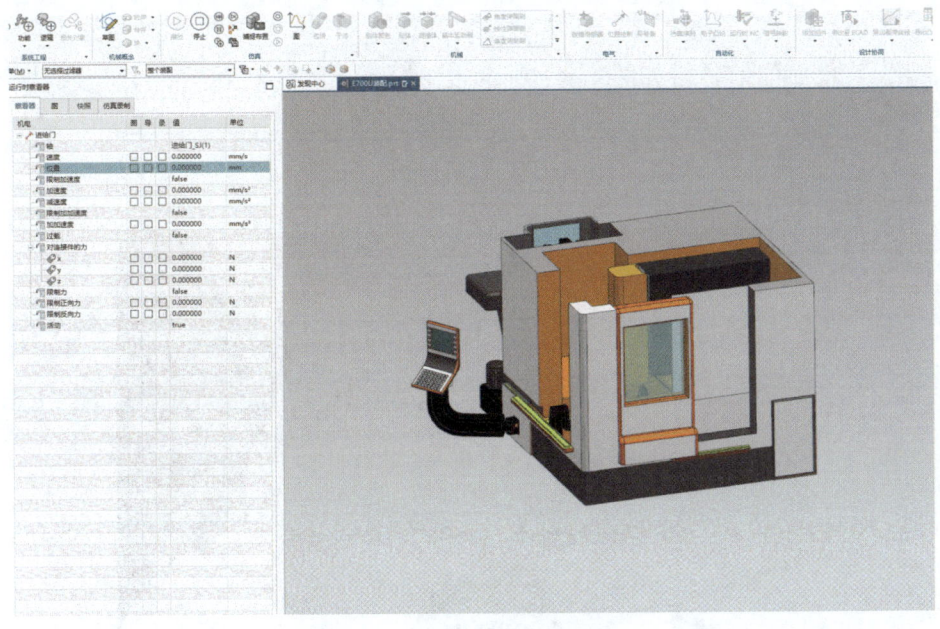

图 1-39 滑动副演示效果参考

项目 1　机床的 MCD 运动定义　019

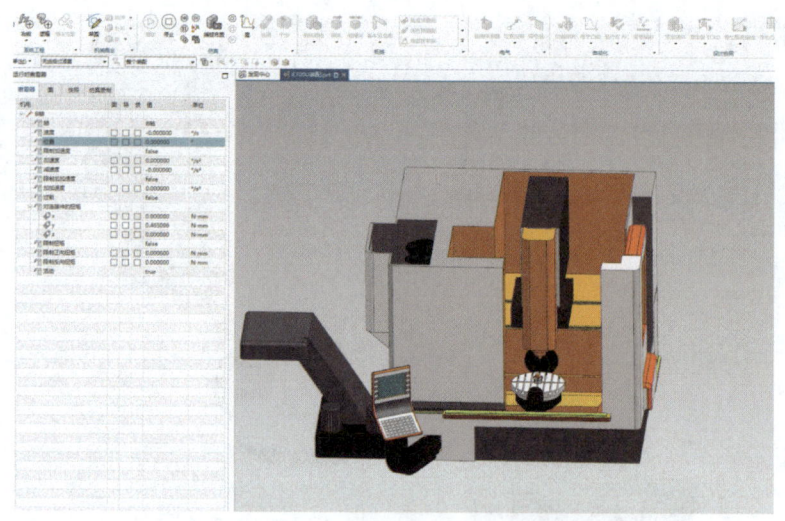

图 1-40　铰链副演示效果参考

任务 1.5　创建信号表关联位置控制

1.5.1　创建信号表

创建信号表，通过信号控制轴动作、机床门开关。在 MCD 中，位置控制信号用 double 型输入，开关门控制用 bool 型输入信号。

在"电气"或"自动化"模块下找到"符号表"，根据连接需要分别创建以下符号表及里面的信号，如图 1-41 所示。

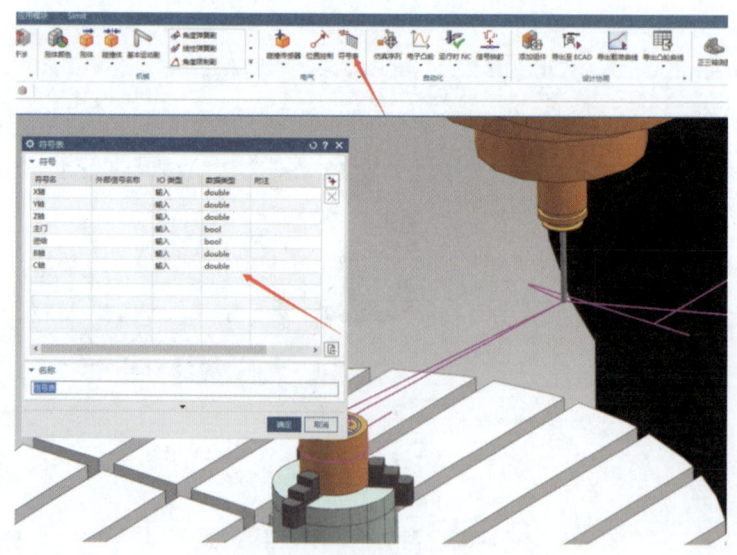

图 1-41　创建信号表

1.5.2 创建 X 轴信号

在"电气"或"自动化"模块下找到"信号",将刚才创建的信号表中的信号创建在右侧的"信号"下,便于后面选中。

例如创建 X 轴信号,勾选"连接运行时参数",机电对象选择"X 轴位置控制",参数名称选择为"位置",I/O 类型与符号表创建一致为"输入",选择信号名称为"X 轴",即通过控制 X 轴信号控制 X 轴方向运动,实现内部信号控制位置,如图 1-42 所示。

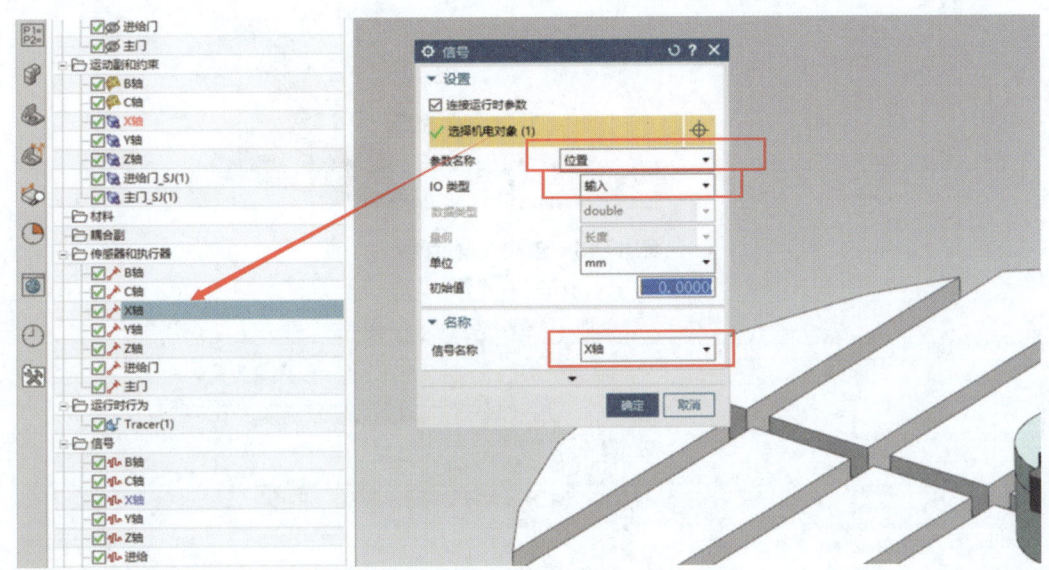

图 1-42 创建 X 轴信号

1.5.3 创建 Y 轴信号

同理,创建 Y 轴信号控制,勾选"连接运行时参数",机电对象选择"Y 轴位置控制",参数名称选择为"位置",I/O 类型与符号表创建一致为"输入",选择信号名称为"Y 轴",即通过控制 Y 轴信号控制 Y 轴方向运动,如图 1-43 所示。

1.5.4 创建 Z 轴信号

同理,创建 Z 轴信号控制,勾选"连接运行时参数",机电对象选择"Z 轴位置控制",参数名称选择为"位置",I/O 类型与符号表创建一致为"输入",选择信号名称为"Z 轴",即通过控制 Z 轴信号控制 Z 轴方向运动,如图 1-44 所示。

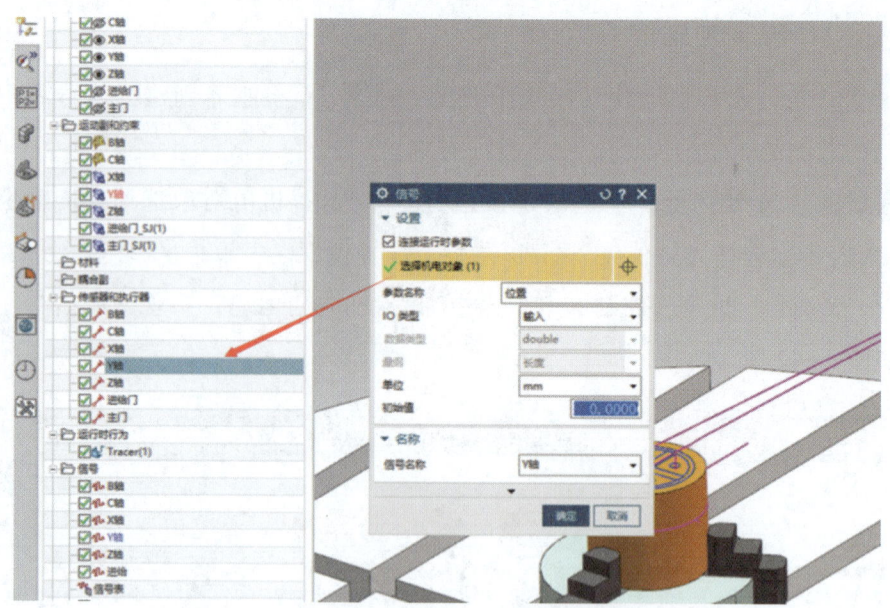

图 1-43 创建 Y 轴信号

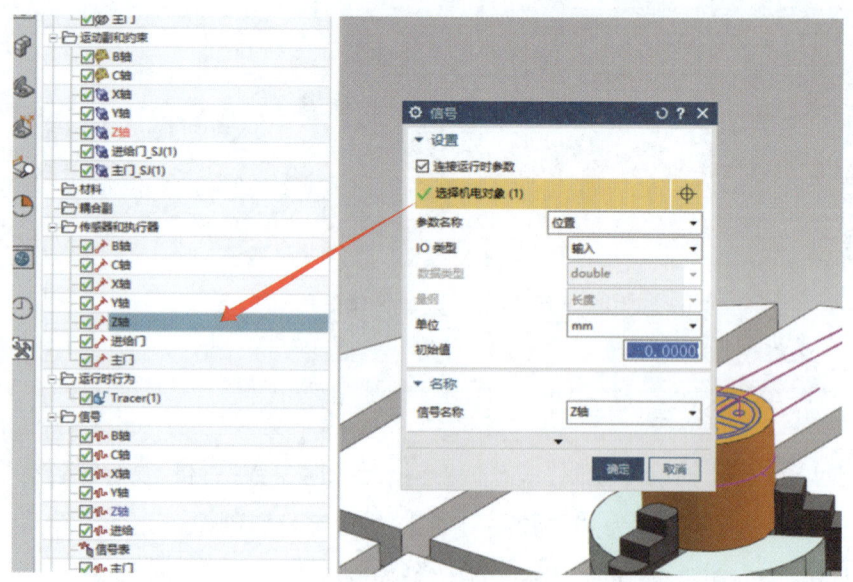

图 1-44 创建 Z 轴信号

1.5.5 创建 B 轴信号

同理,创建 B 轴信号控制,勾选"连接运行时参数",机电对象选择"B 轴位置控制",参数名称选择为"位置",I/O 类型与符号表创建一致为"输入",选择信号名称为"B 轴",即通过控制 B 轴信号控制 B 轴方向运动,如图 1-45 所示。

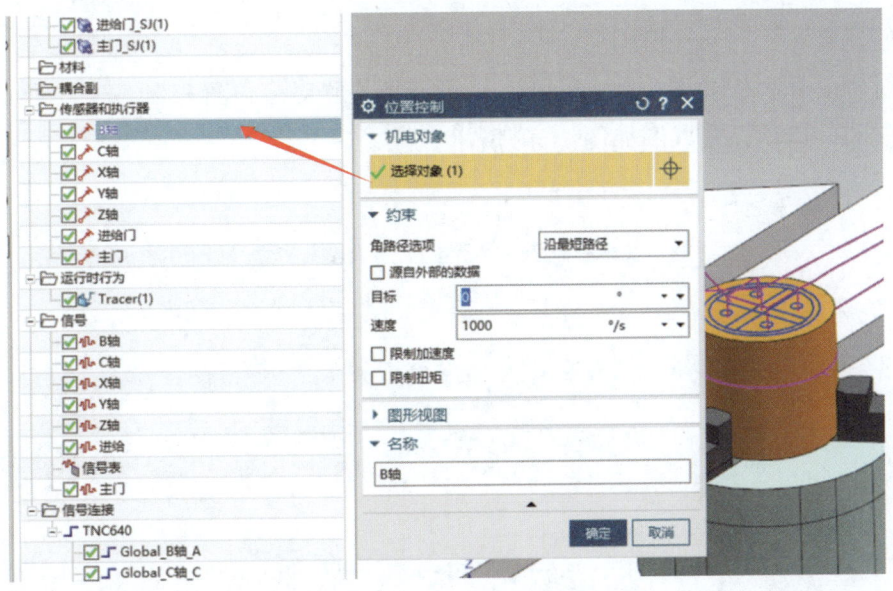

图 1-45 创建 B 轴信号

1.5.6 创建 C 轴信号

同理，创建 C 轴信号控制，勾选"连接运行时参数"，机电对象选择"C 轴位置控制"，参数名称选择为"位置"，I/O 类型与符号表创建一致为"输入"，选择信号名称为"C 轴"，即通过控制 C 轴信号控制 C 轴方向运动，如图 1-46 所示。

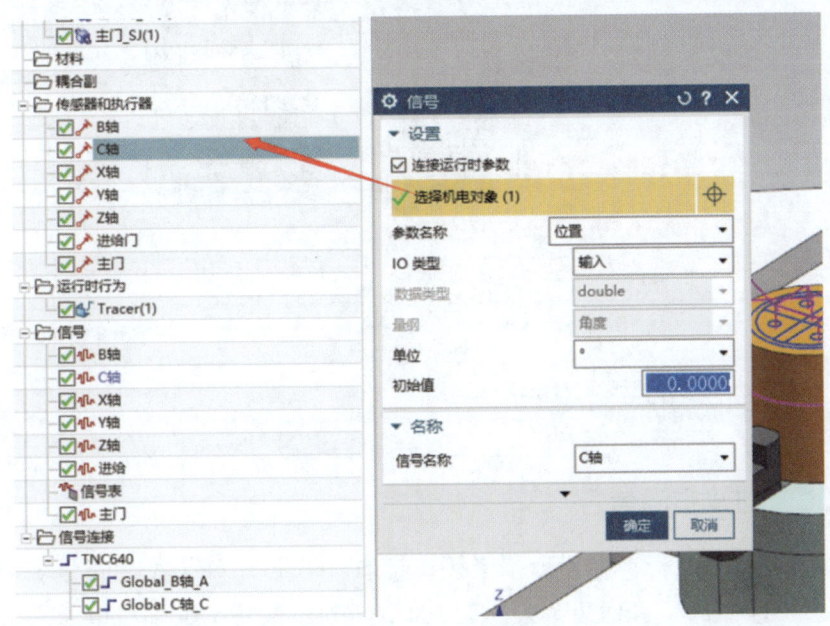

图 1-46 创建 C 轴信号

1.5.7 练习

创建信号表，如图 1-47 所示，并将信号关联对应位置控制，实现通过信号控制该部件运动，效果图如图 1-48 所示。

▼ 符号

符号名	外部信号名称	IO 类型	数据类型	附注
X轴		输入	double	
Y轴		输入	double	
Z轴		输入	double	
主门		输入	bool	
进给		输入	bool	
B轴		输入	double	
C轴		输入	double	

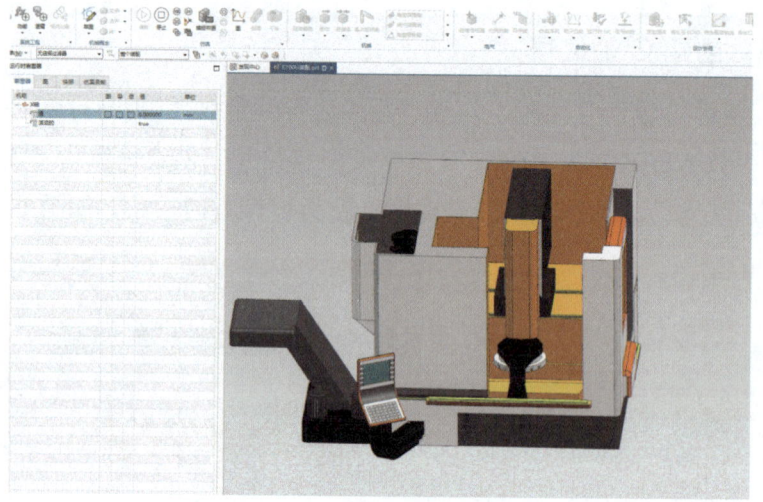

图 1-47 信号表

图 1-48 效果图

任务 1.6 创建机床开关门信号

1.6.1 创建主门信号

创建主门信号控制，不勾选“连接运行时参数”，I/O 类型与符号表创建一致为“输入”，选择信号名称为“主门”，即单纯创建信号不绑定机电对象，后通过仿真序列绑定机电对象，如图 1-49 所示。

图 1-49 创建主门信号

1.6.2 创建进给信号

创建进给信号控制,不勾选"连接运行时参数",I/O 类型与符号表创建一致为"输入",选择信号名称为"进给",即单纯创建信号不绑定机电对象,后通过仿真序列绑定机电对象,如图 1-50 所示。

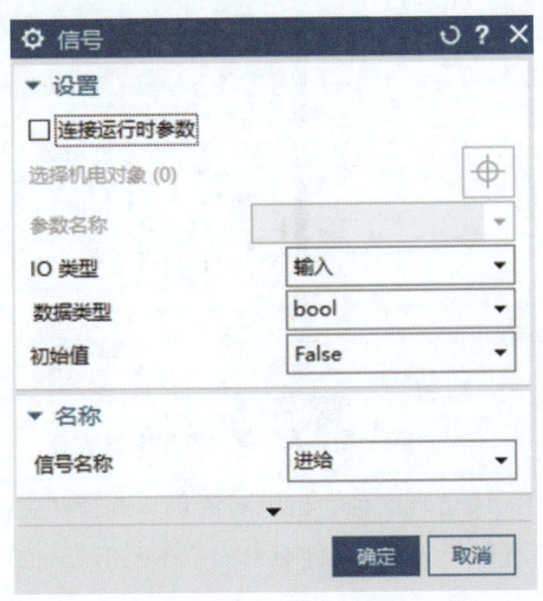

图 1-50 创建进给信号

任务 1.7　创建仿真序列绑定信号

因为 bool 信号涉及信号的复位,所以通过仿真序列来绑定机电对象,即当信号为 true 时,将位置值赋值给绑定的机电对象;当信号为 false 时,将位置值为 0 的值赋值给绑定的机电对象,使机电对象回到原点。

1.7.1　创建主门控制仿真序列

在 MCD 右侧的资源条中选择序列编辑器,在编辑器空白处右击选择"添加仿真序列",弹出"仿真序列"对话框,机电对象选择"主门位置控制",运行时参数勾选"位置"并赋值为 1000,条件信号选择"主门信号 =true",命名为"主门开",如图 1-51 所示。

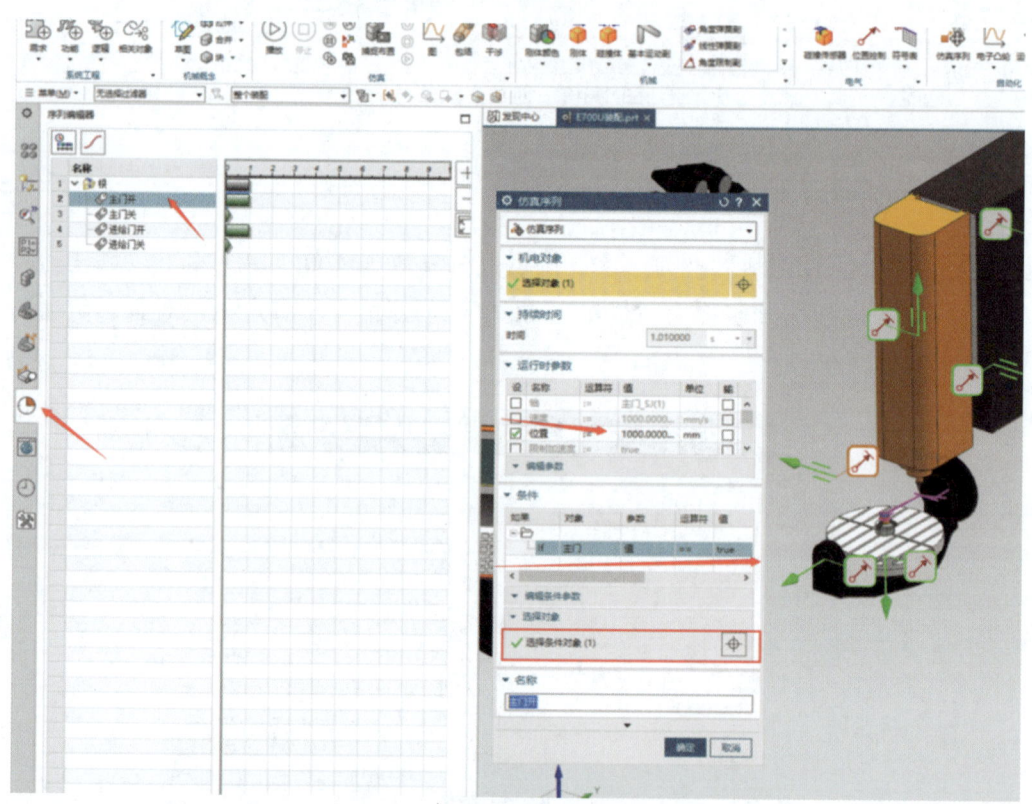

图 1-51　主门信号为 true

同理,创建主门关的仿真序列,机电对象仍然选择"主门位置控制",运行时参数勾选"位置"并赋值为 0,条件对象为"主门信号 =false",命名为"主门关",如图 1-52 所示。

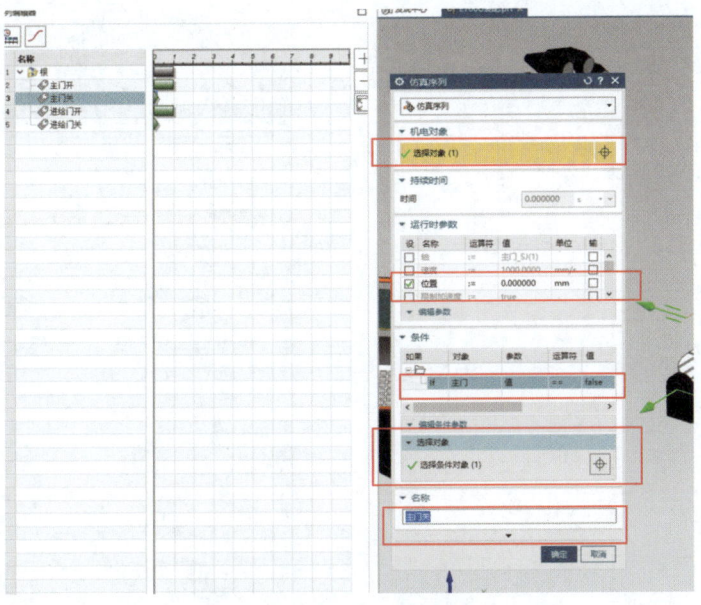

图 1-52 主门信号为 false

1.7.2 创建进给门控制仿真序列

同理，创建进给门信号绑定仿真序列来控制进给门的开关门动作，如图 1-53 和图 1-54 所示。

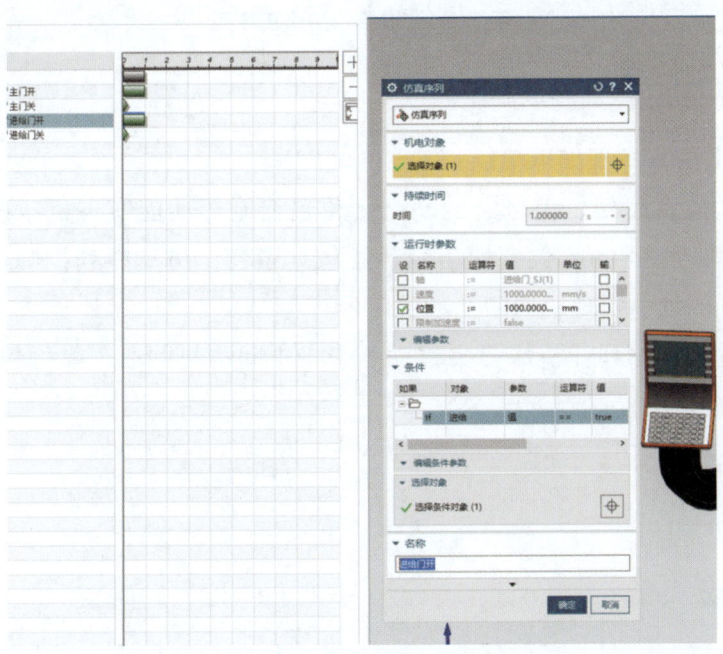

图 1-53 进给门开仿真序列

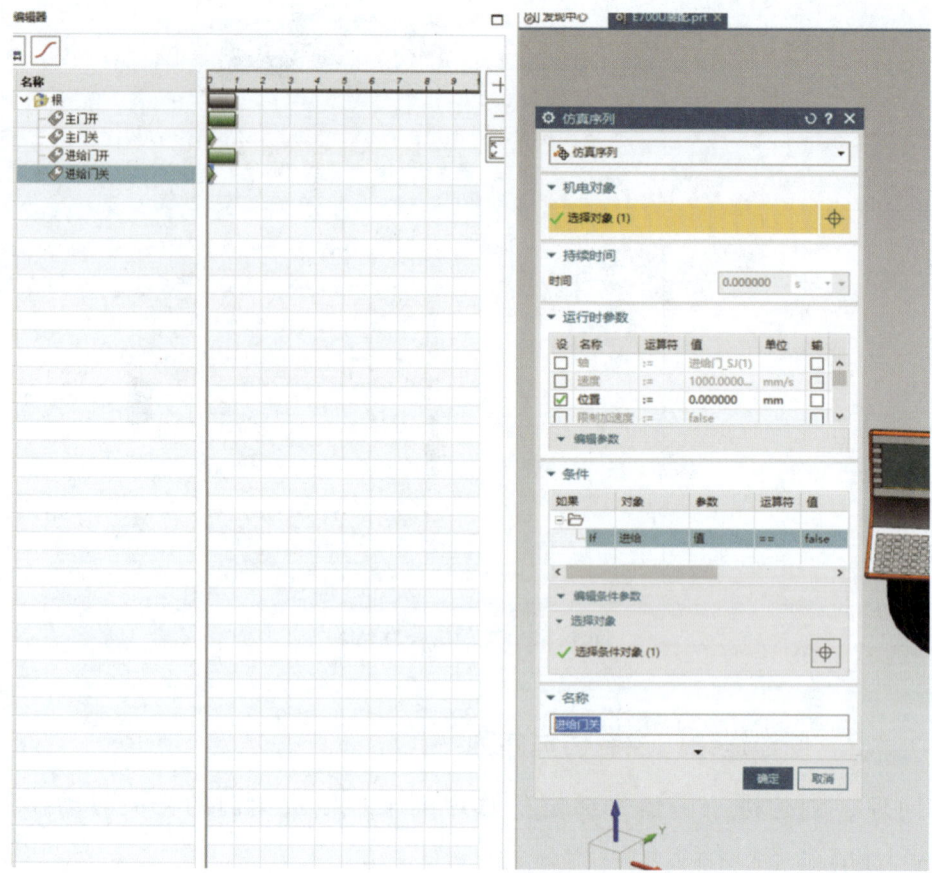

图 1-54 进给门关仿真序列

1.7.3 练习

通过以上仿真实现如下功能：

1）通过仿真序列、信号、运动副、位置控制等功能实现机床门自动开关，如机床门移动至 800mm 位置后信号触发仿真序列，仿真序列控制机床门关闭，位置回到 0mm 处。实现机床门自动关闭。

2）通过仿真序列让机床刀尖移动至卡盘中间物料圆心，靠物料外圆走一圈轨迹后回到初始位置。

项目 2 TNC640 加工程序编写

任务 2.1 基本组态

2.1.1 标准坐标定义

根据 MCD 中的机床模型,判断 E700U 的旋转轴为 BC 轴,所以在虚拟 TNC640 中将 AC 轴配置为 BC 轴,重启后生效,ISO 841(DIN 66217)标准的坐标轴定义如图 2-1 所示。

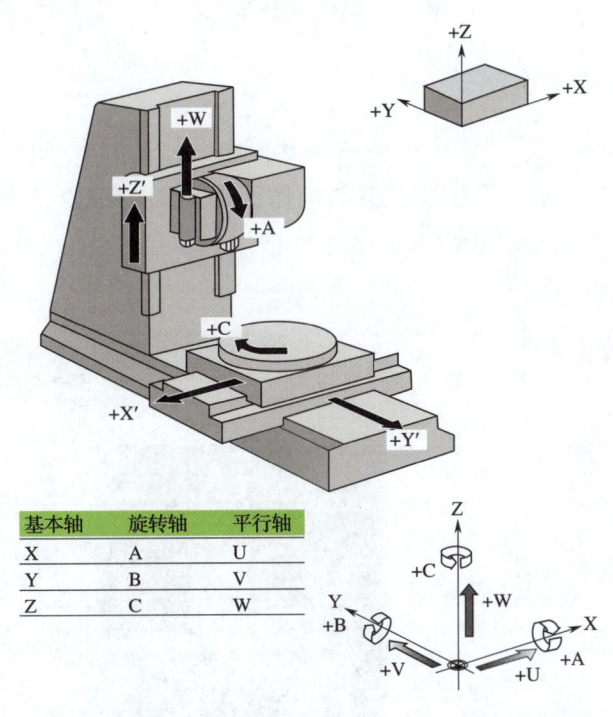

图 2-1 ISO 841(DIN 66217)标准的坐标轴定义

点击机床左侧的机床功能软键,在弹出的"编程站适配"对话框中勾选"BC 轴的相关配置",取消"AC 轴的配置",然后点击"应用选择",确认轴极限后,重启虚拟机生效,如图 2-2 所示。

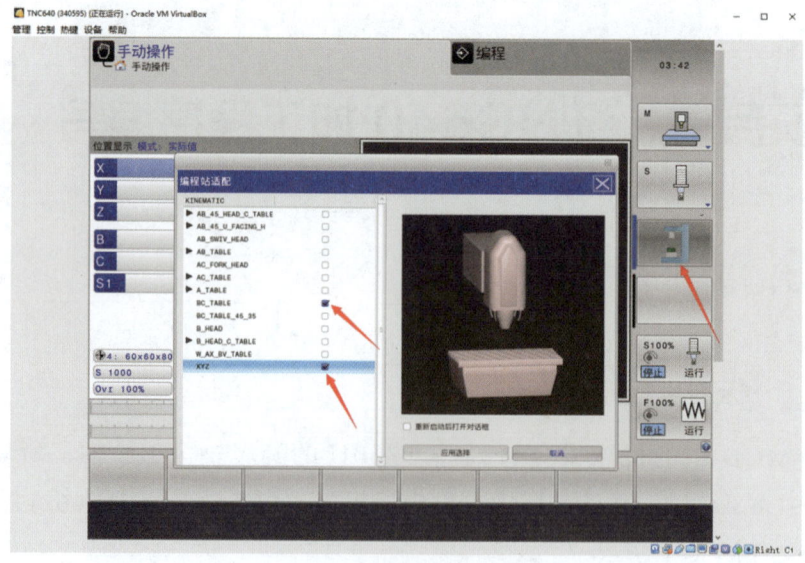

图 2-2 配置机床 BC 轴

2.1.2 键盘功能说明

在虚拟 TNC640 系统中键盘包括两部分，一部分是嵌入在机床面板的机床功能软键和系统软键；另一部分是虚拟的操作面板上面的键盘，类似 TE420、TE 530 B 的操作面板。显示屏软键盘如图 2-3 所示。

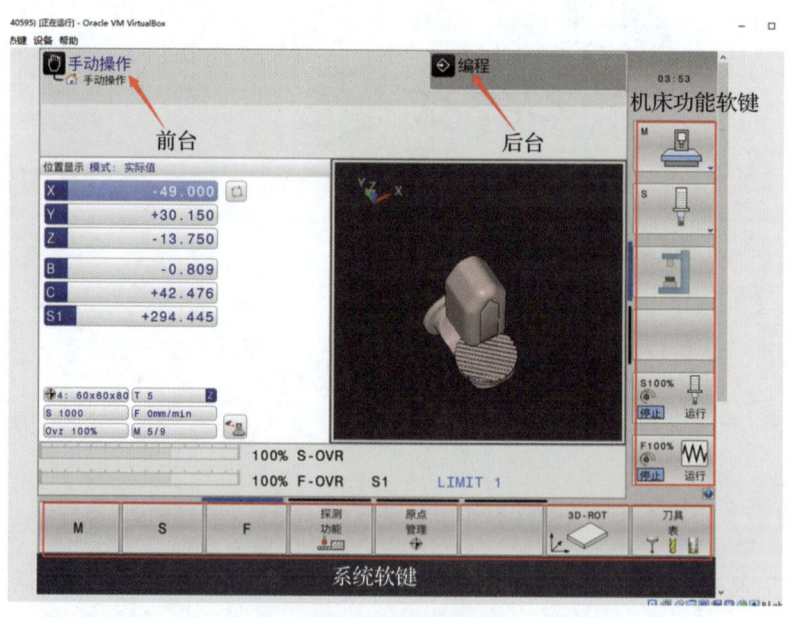

图 2-3 显示屏软键盘

操作面板硬键盘如图 2-4 所示。

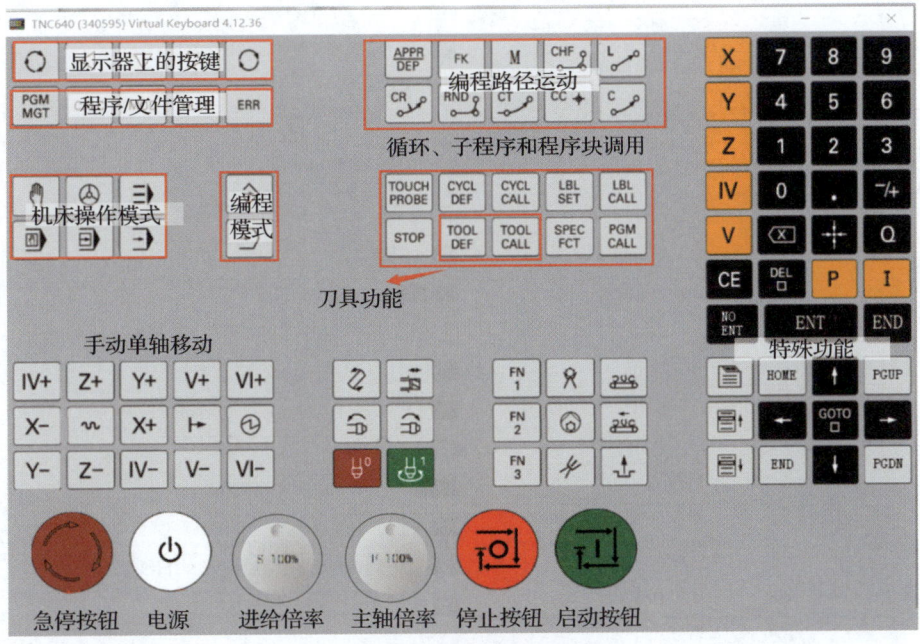

图 2-4 操作面板硬键盘

按键功能说明如图 2-5 和图 2-6 所示。

TNC控制装置
显示器上的按键
键	功能
○	选择分屏布局
○	切换显示加工模式和编程模式
□	显示屏上选择功能的软键
◁▷△	软键行切换键

字符键盘
键	功能
Q W E	文件名，注释
G F S	DIN/ISO编程

机床操作模式
键	功能
	手动操作模式
	电子手轮
	手动数据输入（MDI）定位
	程序运行—单段运行
	程序运行—全自动

编程模式
键	功能
	编程
	测试运行

程序/文件管理（TNC系统功能）
键	功能
	选择或删除程序和文件，外部数据传输
	定义程序调用，选择原点和定位表
	选择MOD功能
	显示TNC出错信息的帮助信息，调用TNCguide
	显示当前全部出错信息
	显示计算器

导航键
键	功能
↑ ←	定位光标
	直接移至程序段、循环和参数功能上

进给速率和主轴转速的倍率调节电位器

进给速率　主轴转速

图 2-5 按键功能说明（一）

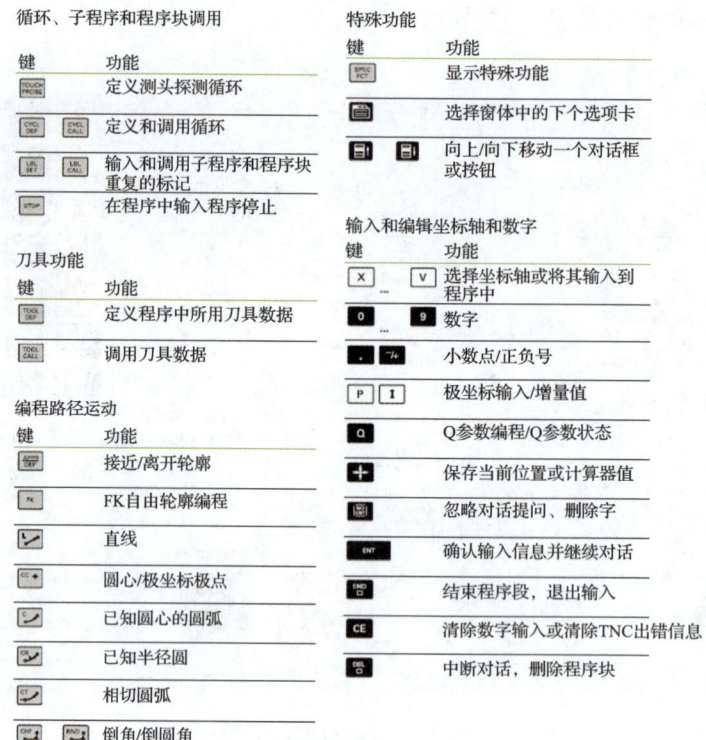

图 2-6 按键功能说明（二）

2.1.3 机床确认掉电信息和移至原点

机床开机，确认掉电信息。

当启动虚拟 TNC640 机床完成后，显示器顶部会显示"Power interrupted"（电源断电信息），此时需要点击键盘上的 CE 键来导入 PLC 数据，如图 2-7 所示。导入完成后，电源键闪烁，提示需要上电。上电完成后，即可操作虚拟 TNC640 系统，如图 2-8 所示。

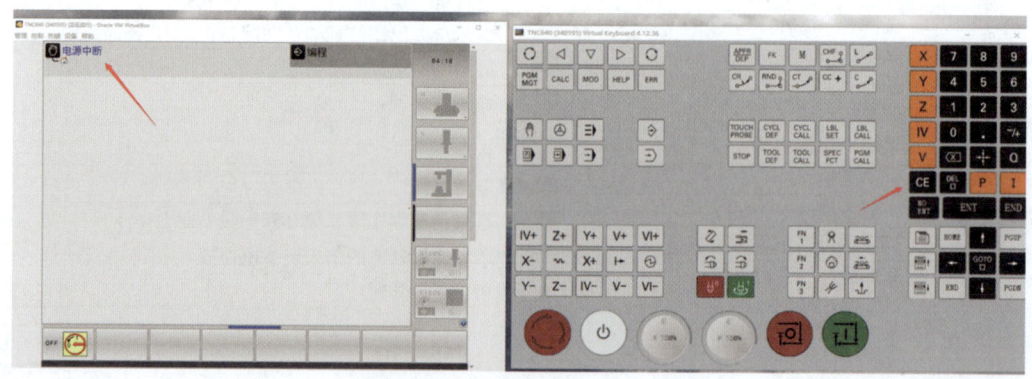

图 2-7 导入 PLC 数据

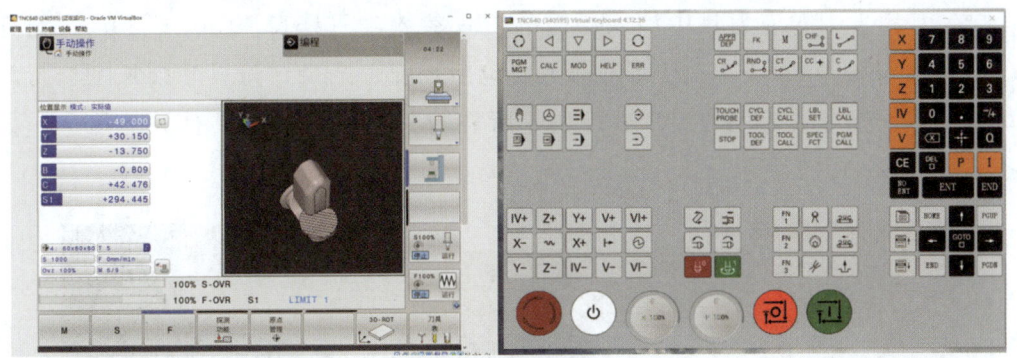

图 2-8 上电完成

移动原点,将机床各轴回到原点(可通过手动模式依次移动各轴回到原点,也可以通过程序移动 X、Y、Z、B、C 使其回到原点),如图 2-9 所示。

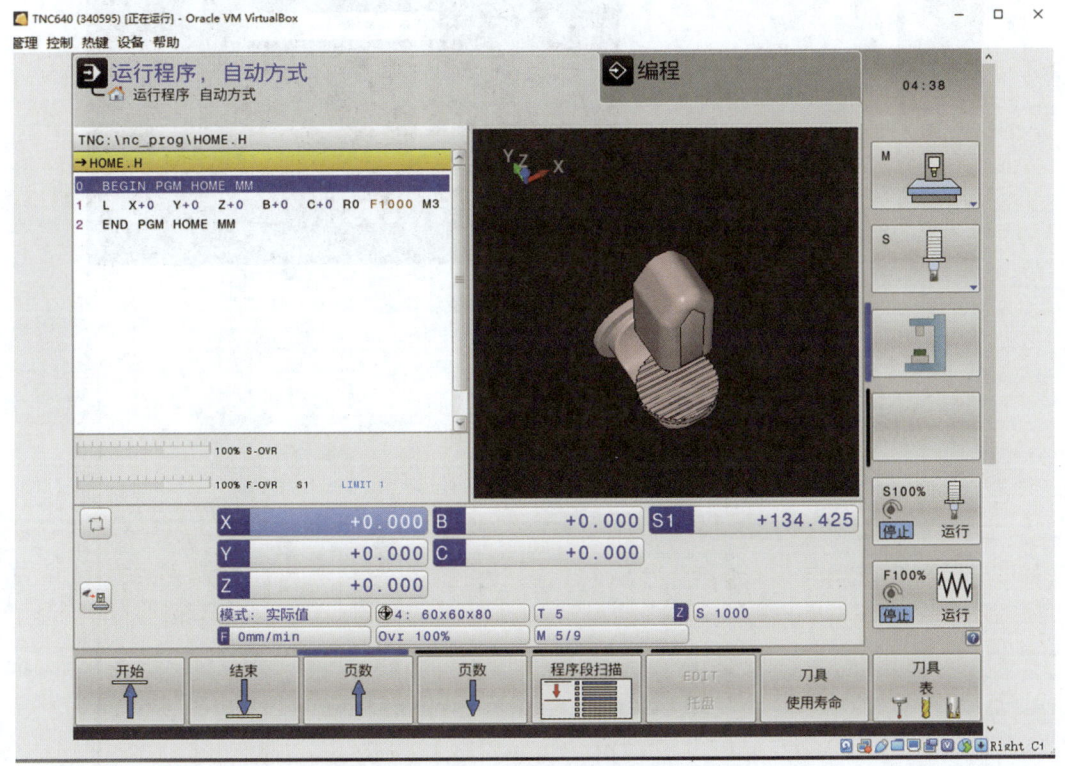

图 2-9 机床各轴回到原点

2.1.4 设置刀具

刀具设置的前提是在手动操作模式中,按下"手动操作"模式键,TNC 切换至手动操作在 NX 中测量刀具,记下刀具长度和半径,如图 2-10 所示。

在刀具表中对应刀具中填入相应的刀具参数，刀具表"tool.t"（永久保存在 TNC:\table\ 目录下），刀具数据主要包括长度、半径、刀具磨损长度、刀具磨损半径、刀具寿命等 TNC 执行功能所需的其他与特定刀具有关的信息，如图 2-11 和图 2-12 所示。

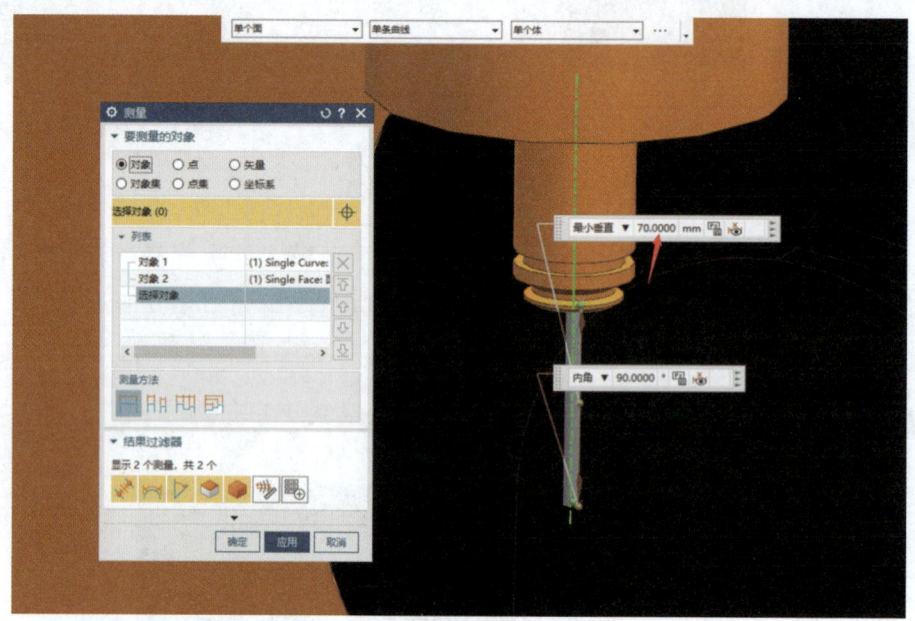

图 2-10 测量刀具长度和半径

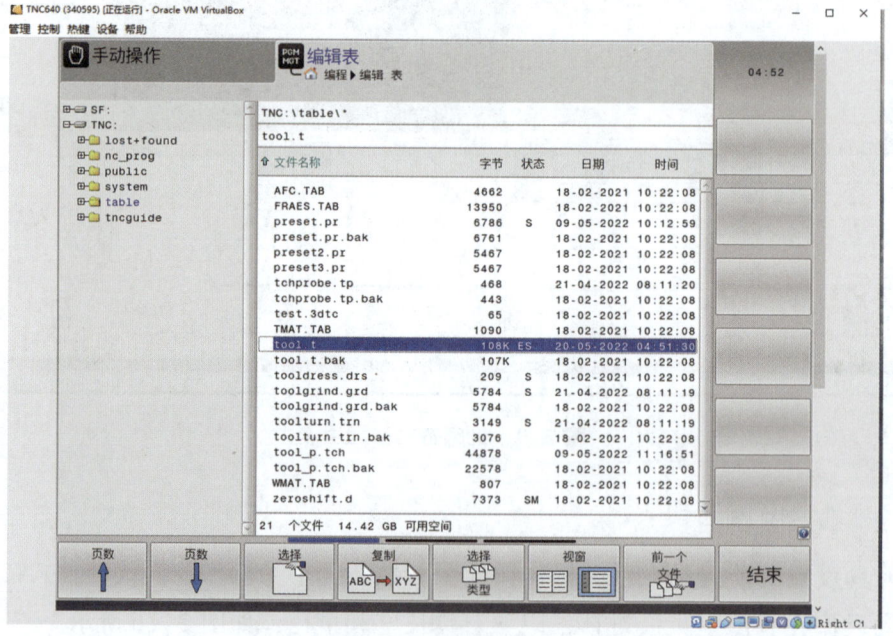

图 2-11 刀具表位置

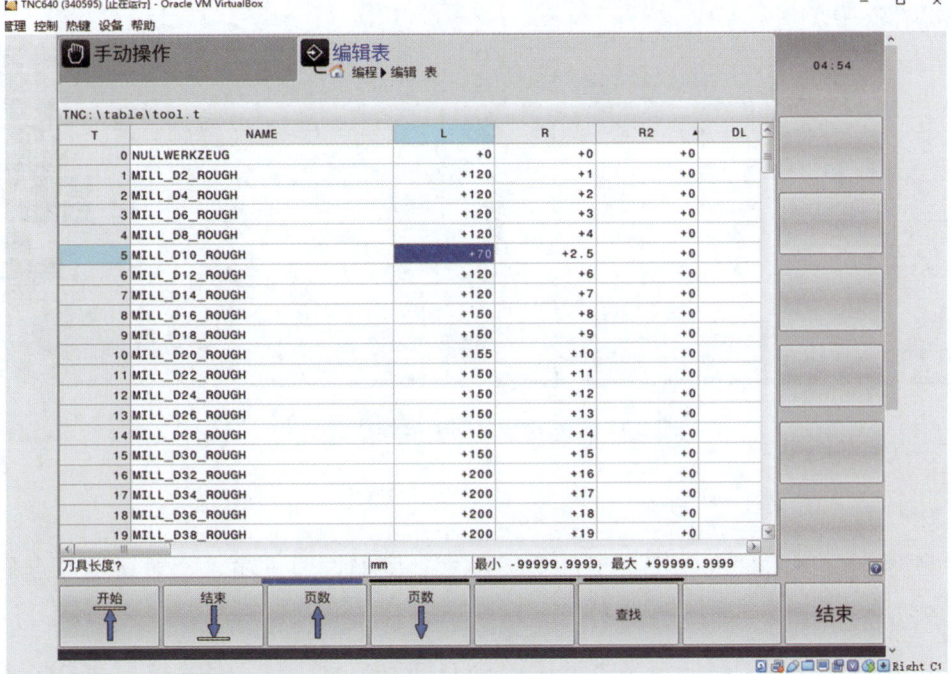

图 2-12 刀具表

2.1.5 控制主轴和冷却液的 M 功能

在 TNC640 中，如果想要程序执行，必须开启主轴，即 M3/M4，主轴正转和主轴反转。

任务 2.2 创建加工程序

2.2.1 新建程序

在程序编辑模式下按下"PEM MGT 键"——TNC 打开文件管理器。TNC 的文件管理类似于运行 Windows 操作系统中的资源管理器，用于管理 TNC 内部存储器中的数据。

用箭头选择新建程序文件所在的文件夹。

键盘选择翻页后点击"新文件"，创建后缀名为".H"的文件。

按下 ENT 键确认：数控系统询问新程序的尺寸单位。

选择尺寸单位：按下"MM"或"INCH"软键，操作按键位置如图 2-13 所示。

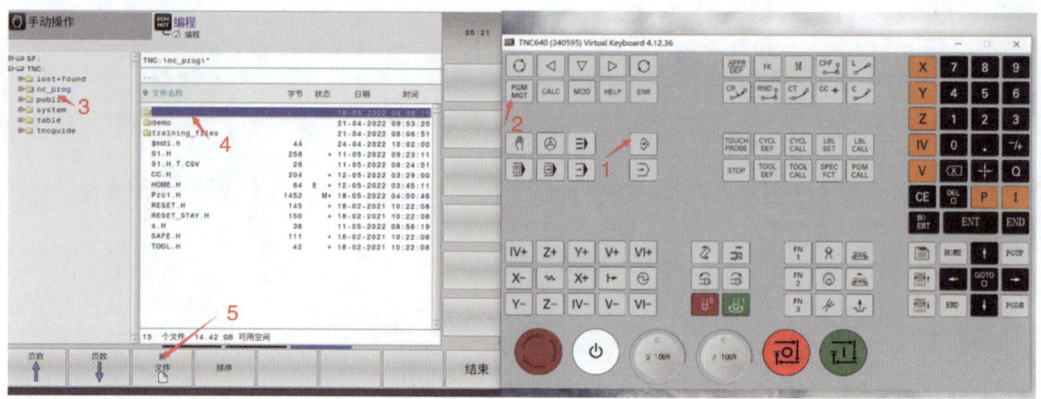

图 2-13　新建程序时的操作按键位置

2.2.2 定义工件毛坯尺寸

创建新程序后，可以定义工件毛坯尺寸。例如，通过输入相对所选原点的最小点和最大点定义一个立方体。

用软键选择所需毛坯定义类型后，TNC 自动启动工件毛坯定义过程并要求输入所需数据。

图中的加工面：XY，输入当前主轴的坐标轴；Z 被保存为默认设置值。用 ENT 键接受。

工件毛坯定义：X 轴最小值，输入工件毛坯相对原点的最小 X 轴坐标值，例如 0，用 ENT 确认。

工件毛坯定义：Y 轴最小值，输入工件毛坯相对原点的最小 Y 轴坐标值，例如"0"，按下 ENT 确认。

工件毛坯定义：Z 轴最小值，输入工件毛坯相对原点的最小 Z 轴坐标值，例如"-40"，用 ENT 确认。

工件毛坯定义：X 轴最大值，输入工件毛坯相对原点的最大 X 轴坐标值，例如"100"，用 ENT 确认。

工件毛坯定义：Y 轴最大值，输入工件毛坯相对原点的最大 Y 轴坐标值，例如"100"，用 ENT 确认。

工件毛坯定义：Z 轴最大值，输入工件毛坯相对原点的最大 Z 轴坐标值，例如"0"，按下 ENT 确认。TNC 结束对话，选择的毛坯类型如图 2-14 所示，根据以上操作生成的程序如图 2-15 所示。

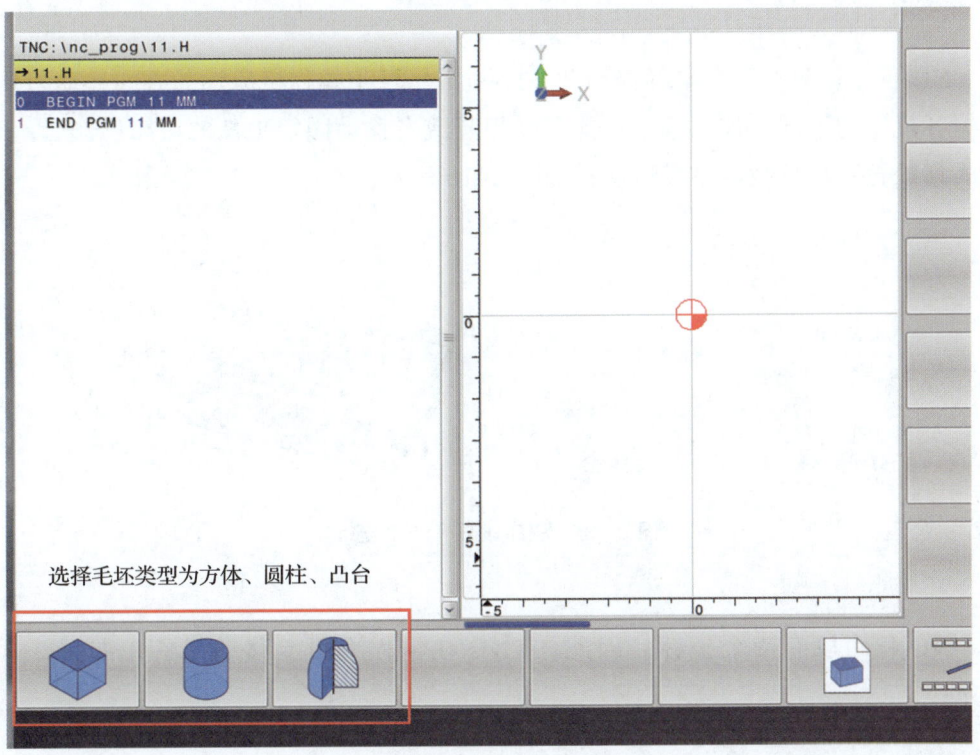

图 2-14 选择毛坯类型

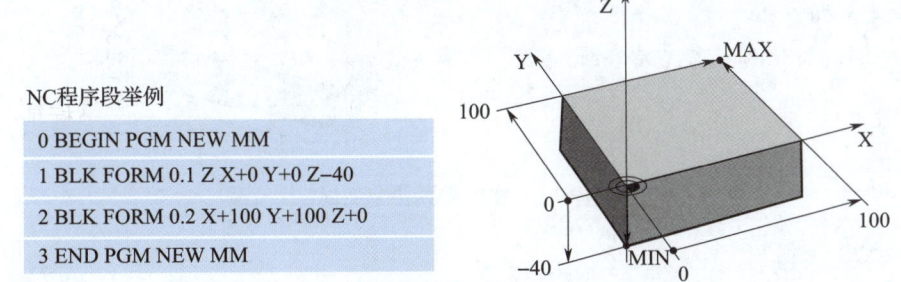

图 2-15 毛坯举例

2.2.3 工件加工的刀具运动编程

按顺序对各轮廓元素用路径编程功能编写程序，以此创建加工程序。这种编程方法是基于工件图纸输入各轮廓元素终点的坐标。TNC 用这些坐标数据、刀具数据及半径补偿信息计算刀具的实际路径。TNC 同时移动 NC 程序段中用路径功能编程的所有机床轴。

1. 机床轴平行运动

NC 程序段只有一个坐标。因此，TNC 沿平行于编程机床轴的方向移动刀具。根据各机床的不同，加工程序可能移动刀具或者移动固定工件的机床工作台。编程的路径轮廓总是假定刀具运动，如图 2-16 所示。

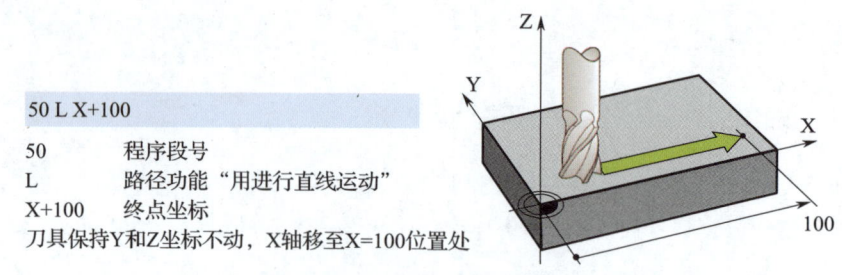

图 2-16　程序段只有一个坐标

2. 平面上运动

NC 程序段有两个坐标。因此，TNC 在编程平面上移动刀具，如图 2-17 所示。

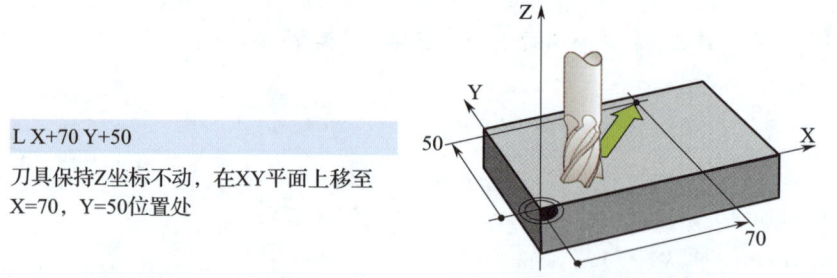

图 2-17　程序段有两个坐标

3. 三维运动

NC 程序段有三个坐标，那么 TNC 在三维空间中将刀具移至编程位置，如图 2-18 所示。

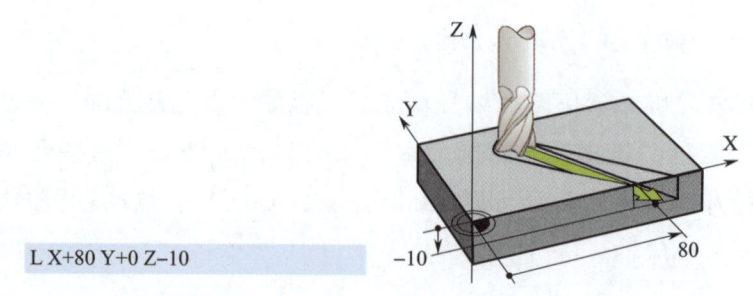

图 2-18　程序段有三个坐标

2.2.4 路径轮廓——直角坐标

路径功能概要如图 2-19 所示。

路径功能键	功能	刀具运动	必输入信息
L	直线 L	直线	直线终点的坐标
CHF	倒角：CHF	两条直线间的倒角	倒角边长
CC	圆心 CC	无	圆心或极点的坐标
C	圆弧 C	以 CC 为圆心至圆弧终点的圆弧	圆弧终点坐标，旋转方向
CR	圆弧 CR	已知半径的圆弧	圆弧终点坐标、圆弧半径和旋转方向
CT	圆弧 CT	相切连接上一个和下一个轮廓元素的圆弧	圆弧终点坐标
RND	倒圆角 RND	相切连接上一个和下一个轮廓元素的圆弧	倒圆半径 R
FK	FK 自由轮廓编程	连接任一前一个轮廓元素的直线或圆弧路径	"路径轮廓-FK 自由轮廓编程"

图 2-19 路径功能概要

1. 直线 L

TNC 沿直线将刀具从当前位置移至直线的终点，起点为前一程序段的终点，程序和示意图如图 2-20 所示。

- 按下 "L" 键打开一个直线运动程序段
- 直线终点的坐标，根据需要
- 半径补偿 RL/RR/R0
- 进给速率 F
- 辅助功能 M

NC 程序段举例

7 L X+10 Y+40 RL F200 M3
8 L IX+20 IY-15
9 L X+60 IY-10

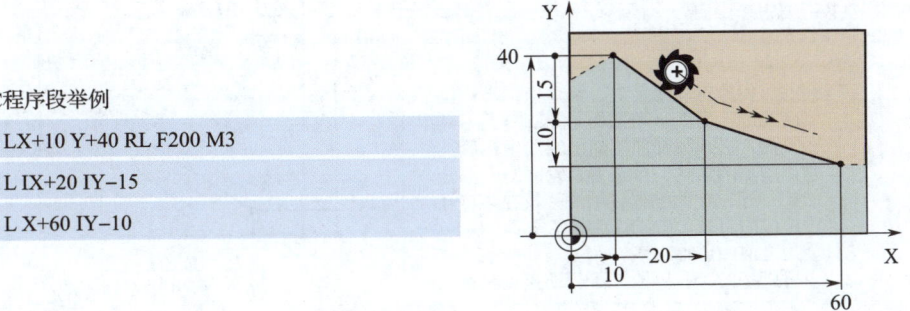

图 2-20 举例说明（一）

2. 倒角：CHF

在两条直线间插入倒角，程序和示意图如图2-21所示。

- CHF程序段前和后的直线程序必须与倒角在同一个加工面中
- CHF程序段前和后的半径补偿必须相同
- 倒角必须为可用当前刀具加工
- 倒角边长：倒角长度，若需要
- 进给速率F（仅在CHF程序段有效）

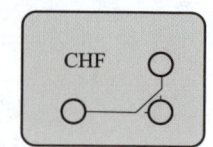

```
7 L X+0 Y+30 RL F300 M3
8 L X+40 IY +5
9 CHF 12 F250
10 L IX+5 Y+0
```

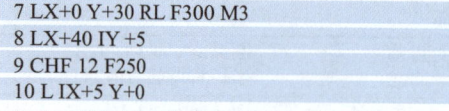 轮廓不能从CHF程序段开始。
倒角只能在加工面中。
角点将被倒角切除且它不是轮廓的一部分。
CHF程序段中的编程进给速率仅在CHF程序段中有效。CHF程序段之后，再次恢复之前的进给效率

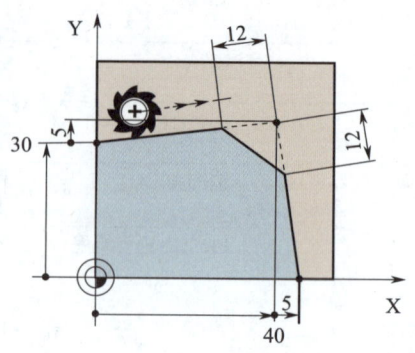

图2-21 举例说明（二）

3. 倒圆角 RND

RND是倒圆角功能。刀具沿圆弧运动，圆弧与前后轮廓元素相切。必须用被调用刀具加工倒圆，程序和示意图如图2-22所示。

- 倒圆半径：输入半径，如需要
- 进给速率F（仅对RND程序段有效）

NC程序段举例
```
5 L X+10 Y+40 RL F300 M3
6 L X+40 Y+25
7 RND R5 F100
8 L X+10 Y+5
```

 在前后相接轮廓元素中，两个坐标必须位于倒圆的加工面上。如果加工轮廓时无刀具半径补偿，必须编程加工面上的两坐标值。
角点被倒圆切除，且它不是轮廓的一部分。
RND程序段中的编程进给速率仅在该RND程序段内有效。RNDG25程序段后，将恢复使用之前的进给速率。
也可以将RND程序段用于相切接近轮廓

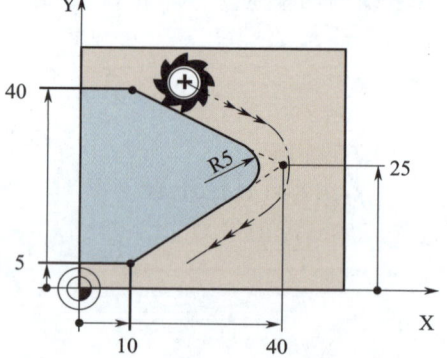

图2-22 举例说明（三）

4. 圆心 CC

定义用 C 键（圆弧路径 C）编程圆的圆心，程序和示意图如图 2-23 所示。

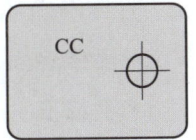

- 输入圆心在加工面上的直角坐标
- 或者使用在前一段程序段中心定义的圆心
- 或者用实际位置获取键获取的坐标值
- 输入圆心坐标值，或用之前最后一个编程位置，输入"NO"

NC程序段举例
```
5 CC X+25 Y+25
```
或者
```
10 LX+25 Y+25
11 CC
```
程序行10和11与该图无关。
有效性
圆心定义保持有效直到编程了新圆心为止。
用增量尺寸输入圆心CC
如果用增量坐标输入圆心，圆心编程的坐标是相对刀具的最后一个编程位置。

 CC作用只是定义圆心位置 刀具不运动到该位置。
圆心也是极坐标的极点

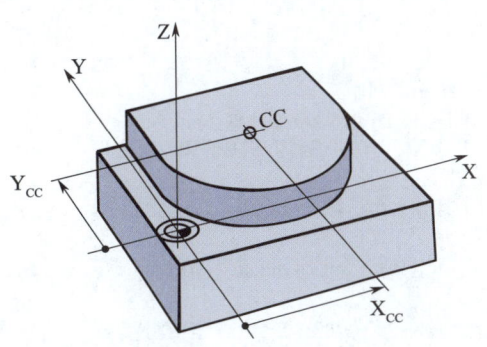

图 2-23 举例说明（四）

5. 以 CC 为圆心的圆弧路径 C

编程圆弧前，必须先输入圆心 CC。最后一个编程刀具位置为圆弧的起点，程序和示意图如图 2-24 所示。

- 输入圆心坐标
- 输入圆弧终点坐标，和根据需要
- 旋转方向 DR
- 进给速率 F
- 辅助功能 M

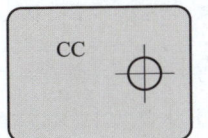 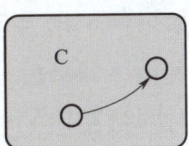

NC程序段举例
```
5 CC X+25 Y+25
6 LX+45 Y+25 RR F200 M3
7 CX+45 Y+25 DR+
```

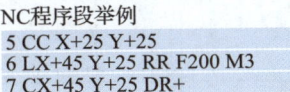
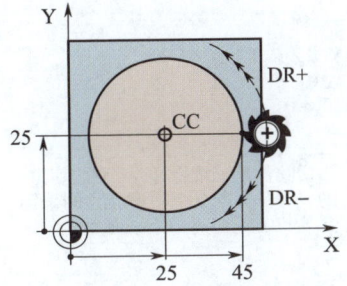

图 2-24 举例说明（五）

6. 已知半径的圆弧 CR

刀具沿半径为 R 的圆弧路径运动，程序和示意图如图 2-25 所示。

- 圆弧终点坐标
- 半径 R（代数符号决定圆弧大小）
- 旋转方向 DR，注意：代数符号决定内弧或外弧
- 进给速率 F
- 辅助功能 M

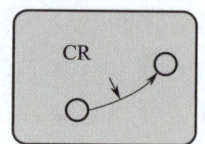

NC程序段举例
10 LX+40 Y+40 RL F200 M3
11 CRX+70 Y+40 R+20 DR-（ARC 1）
或者
11 CR X+70 Y+40 R+20 DR+（ARC 2）
或者
11 CR X+70 Y+40 R-20 DR-（ARC 3）
或者
11 CR X+70 Y+40 R-20 DR+（ARC 4）

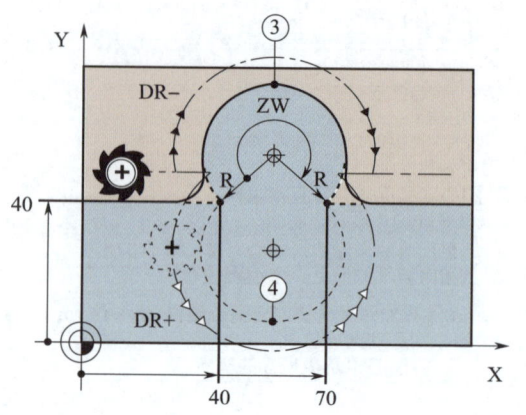

图 2-25　举例说明（六）

7. 相切连接圆弧 CT

刀具沿圆弧运动，由相切于前一编程元素开始。

如果两个轮廓元素之间的接点不是交点或角，两个轮廓元素之间的过渡方式称为相切，即平滑过渡。

与圆弧相切的轮廓元素必须编程在紧接在 CT 程序段前的程序段中。这至少需要两个定位程序段，程序和示意图如图 2-26 所示。

NC程序段举例
7 LX+0 Y+25 RL F300 M3
8 LX+25 Y+30
9 CT X+45 Y+20
10 LY+0

⇨ 相切圆弧是二维操作：CT程序段中的坐标及其前一个轮廓元素的坐标必须与圆弧在同一个平面上

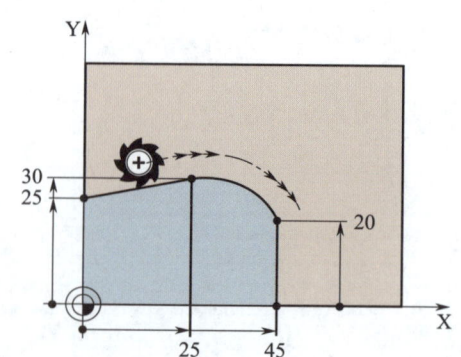

图 2-26　举例说明（七）

- 圆弧终点坐标（根据需要）
- 进给速率 F
- 辅助功能 M

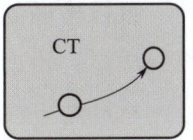

任务 2.3 仿真运行

2.3.1 测试运行

在试运行操作模式下，可同时仿真程序及程序块，以降低程序运行期间的程序差错。

TNC 检查以下程序：
- 几何不符
- 缺失数据
- 不可能的跳转
- 与机床加工区定义不符

还提供了以下的功能：
- 逐段测试运行
- 在任一程序段处中断程序
- 可选跳过程序段
- 图形仿真显示功能
- 测量加工时间
- 附件状态显示

执行测试运行：

选择测试运行操作模式。

用 PGM GMT（程序管理）键调用文件管理器并选择需测试的文件。

然后，TNC 显示以下软键，如图 2-27 所示。

软键	功能
RESET + 开始	复位毛坯定义并测试整个程序
开始	测试整个程序
开始单段	单独测试每个NC程序段
停止	暂停测试运行（仅当测试运行开始后才显示该软键）

图 2-27 软键功能

可以中断测试运行，并在任何位置继续执行测试—包括在固定循环内。为了继续测试，不允许执行以下操作，如图 2-28 所示。

- 用箭头键或 GOTO 选择另一个程序段。
- 修改程序。
- 选择新程序。

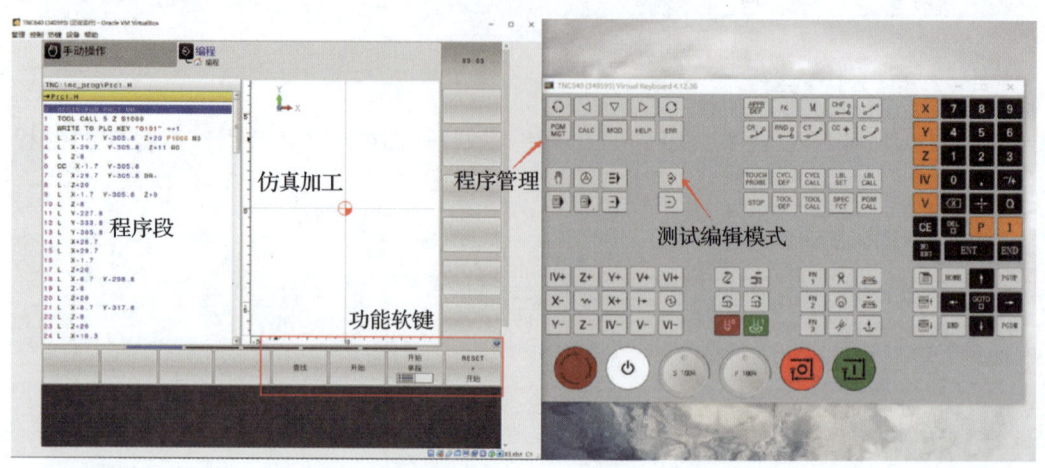

图 2-28　测试运行窗口

2.3.2　程序运行

运行程序，自动方式操作模式下，TNC 连续执行加工程序直到其结束或直到程序停止处。在操作模式中可用以下 TNC 功能：

- 中断程序运行
- 从某程序段启动程序运行
- 可选跳过程序段
- 编辑刀具表 TOOL.T
- 检查和修改 Q 参数
- 用手轮叠加定位
- 图形仿真显示功能
- 附加状态显示

1. 运行零件程序

（1）准备工件

1）将工件夹持到机床工作台上。

2）设置原点。

3）选择必要的表文件和托盘文件（状态 M）。

4）选择零件程序（状态 M）。

(2) 程序运行——全自动方式

用 NC START（NC 启动）键，启动加工程序。

(3) 程序运行——单段方式

用 NC START（NC 启动）键，逐一启动加工程序的每一个程序段，如图 2-29 所示。

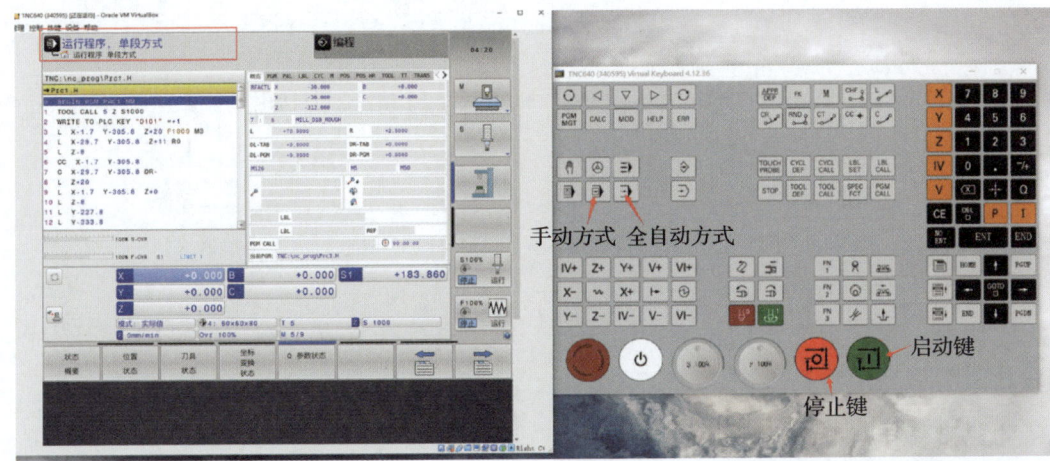

图 2-29　程序运行

2. 中断加工

有多种方法可以中断程序运行：

- 程序控制的中断
- 手动干预

数控系统在状态栏显示当前程序运行状态，如图 2-30 所示。

图标	含义
	程序运行中
	程序已中断运行
	程序停止运行

图 2-30　状态栏

程序中断运行与停止运行的区别是，中断运行允许用户执行以下操作。
- 选择操作模式
- 用 QINFO（Q 信息）功能修改 Q 参数
- 修改用 M1 可选程序中断的设置
- 修改用 / 编程的 NC 程序段跳过的设置

辅助功能M2和M30以及NC STOP（NC停止）功能以及内部停止（内部停止）功能不能暂停程序的运行，而是将其彻底停止。

如果在程序运行中，TNC发现了一个错误，将自动停止加工操作

3. 程序控制的中断

在加工程序中能直接定义中断运行。数控系统在含以下输入信息的 NC 程序段处中断程序运行：
- 编程的停止 STOP（停止）（带和不带辅助功能）
- 编程的停止 M0
- 条件停止 M1

辅助功能M6也能导致程序运行的暂停。机床制造商设置辅助功能的作用范围

任务 2.4　系统功能设置

2.4.1　IP 设置

数控系统启动后，在编辑（EDIT）模式下，选择"PGM MGT"键，按下"网络"软按键，如图 2-31 所示。

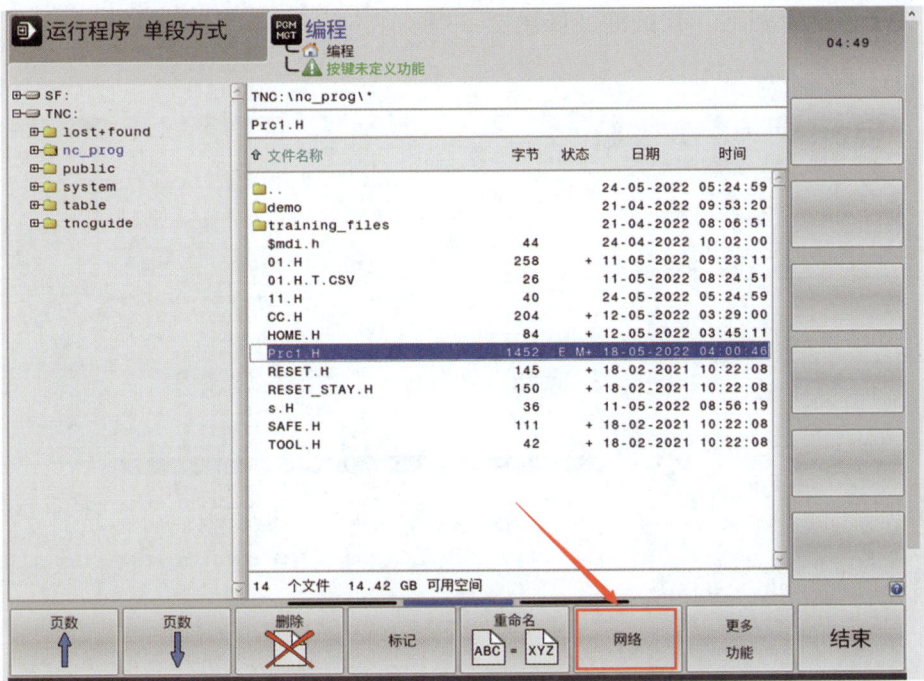

图 2-31 网络设置

按下"MOD"键,输入密码"NET123",如图 2-32 所示。

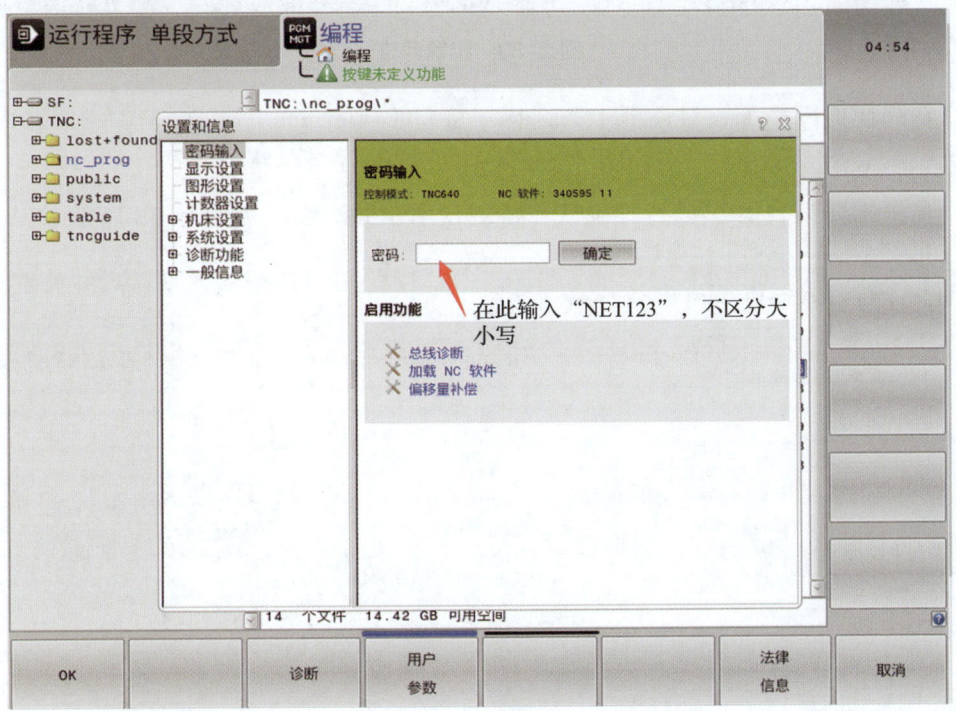

图 2-32 输入密码

按下"配置网络"软按键，如图 2-33 所示。

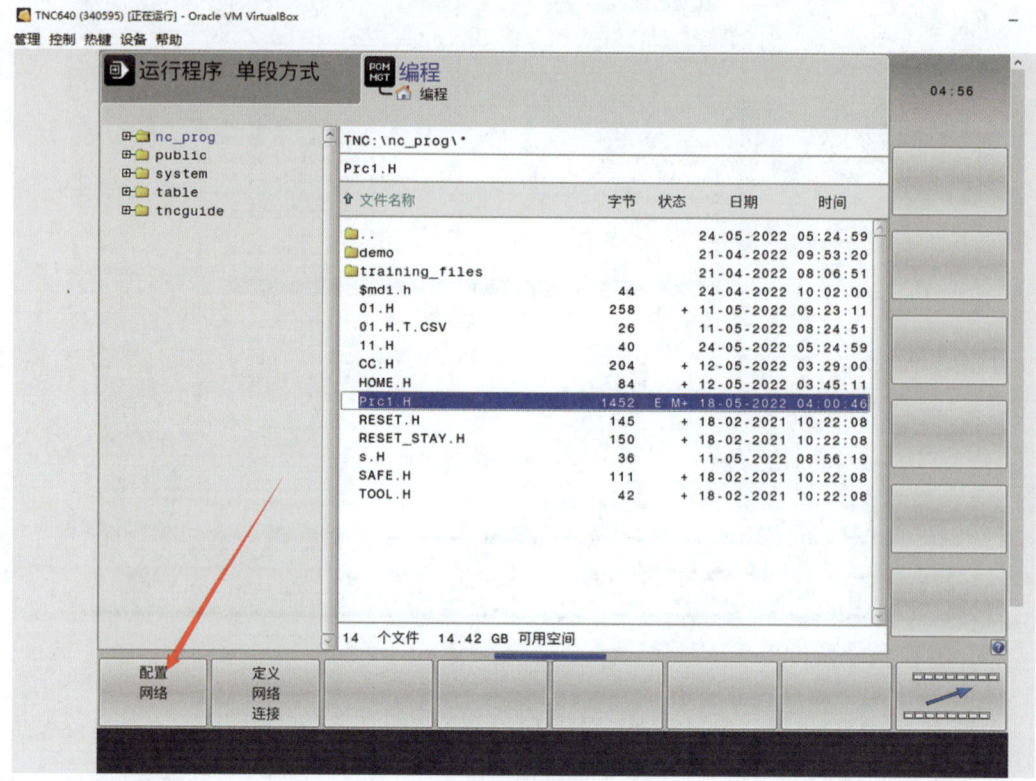

图 2-33 配置网络

在弹出的网络配置对话框中，选择"接口（Interface）"，选择"X26"，选择"配置（Configuration）"，如图 2-34 所示。

根据需要设置 IP，通过"确认"键确认退出并激活，如图 2-35 所示。

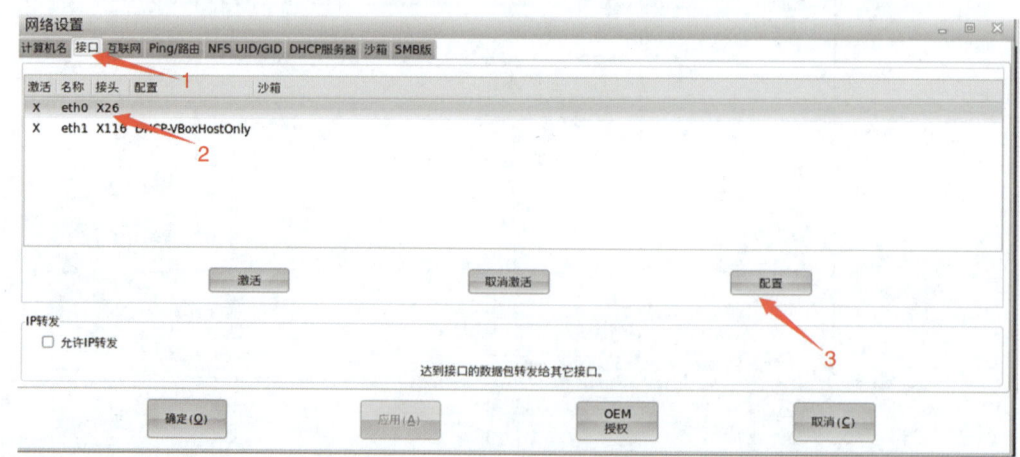

图 2-34 网络接口配置

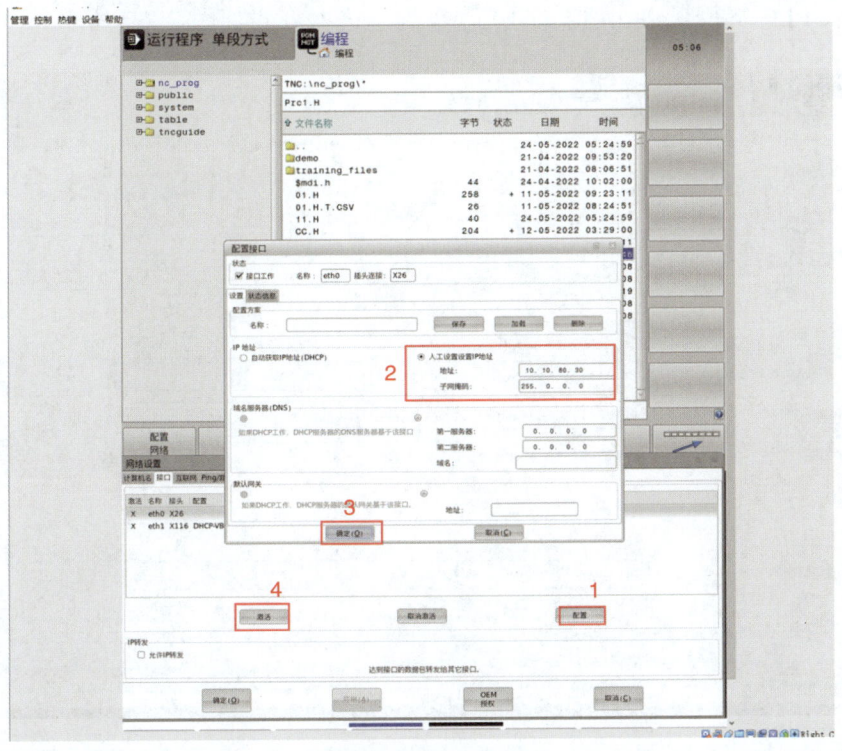

图 2-35　设置 IP 地址

2.4.2　PLC 设置（I/O 表）

同 IP 设置进入 MOD 界面，输入密码"807667"可进入 PLC 变量设置中，调试和维护中检测是否有输入信号、输出信号，如图 2-36 所示。

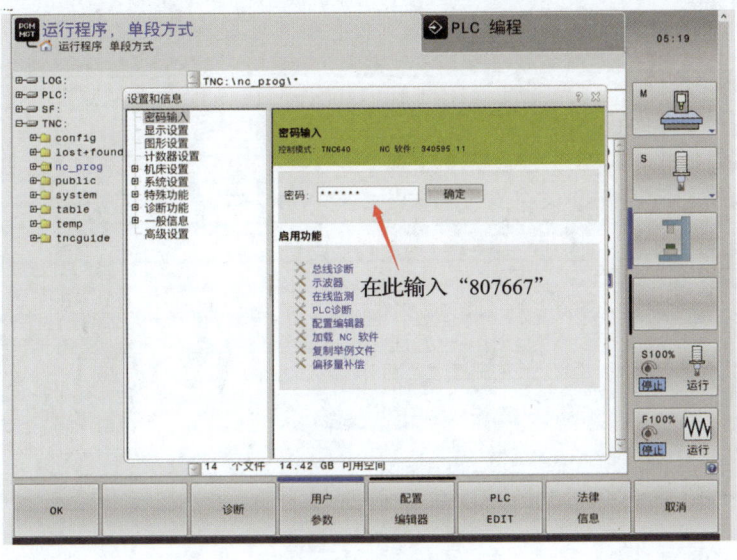

图 2-36　输入密码

进入 PLC 界面，点击"TABLE"按键，进入列表如图 2-37 所示。

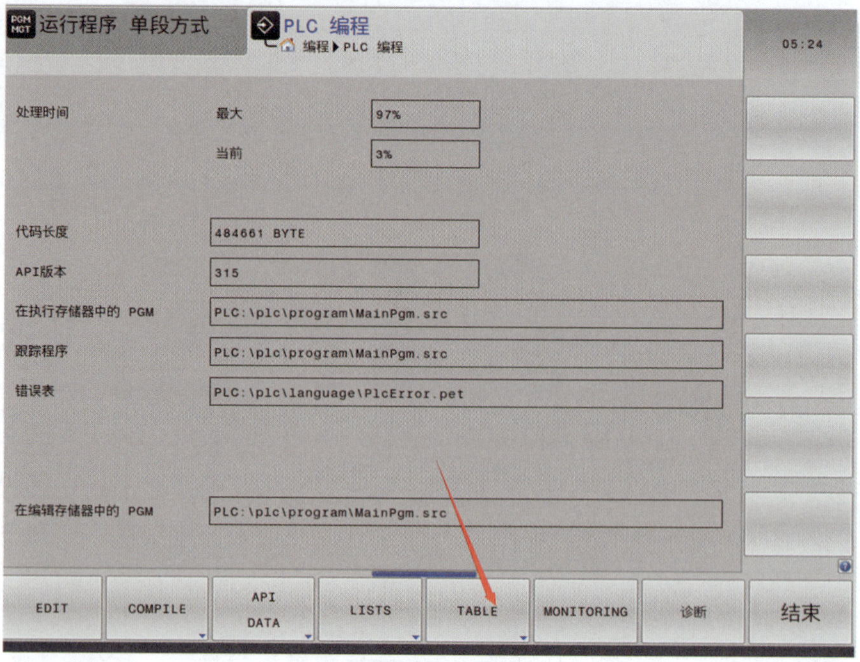

图 2-37　进入列表

点击按键"M/I/O/T/C"，变量表如图 2-38 所示。

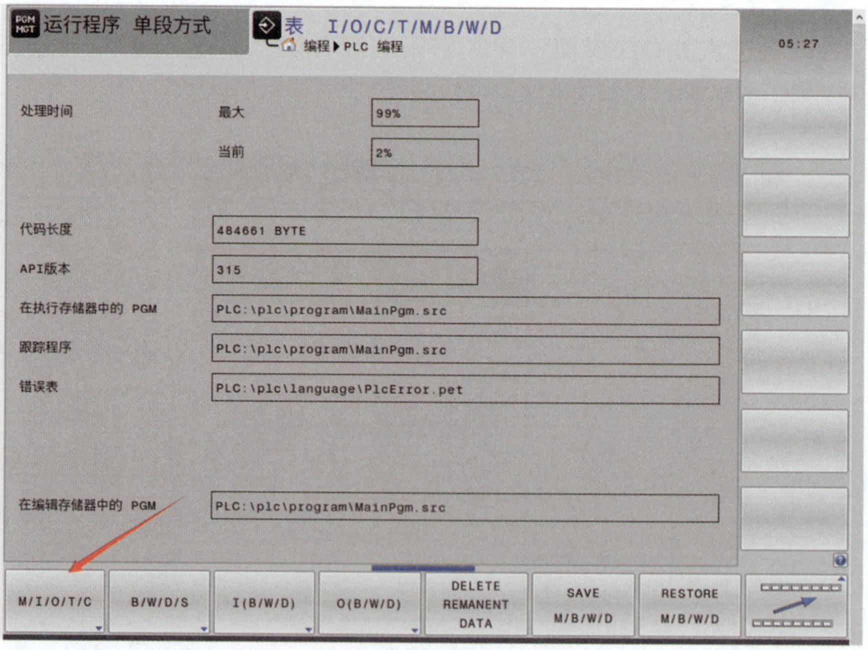

图 2-38　变量表

选择相应的信号进行查看，如图 2-39 所示。

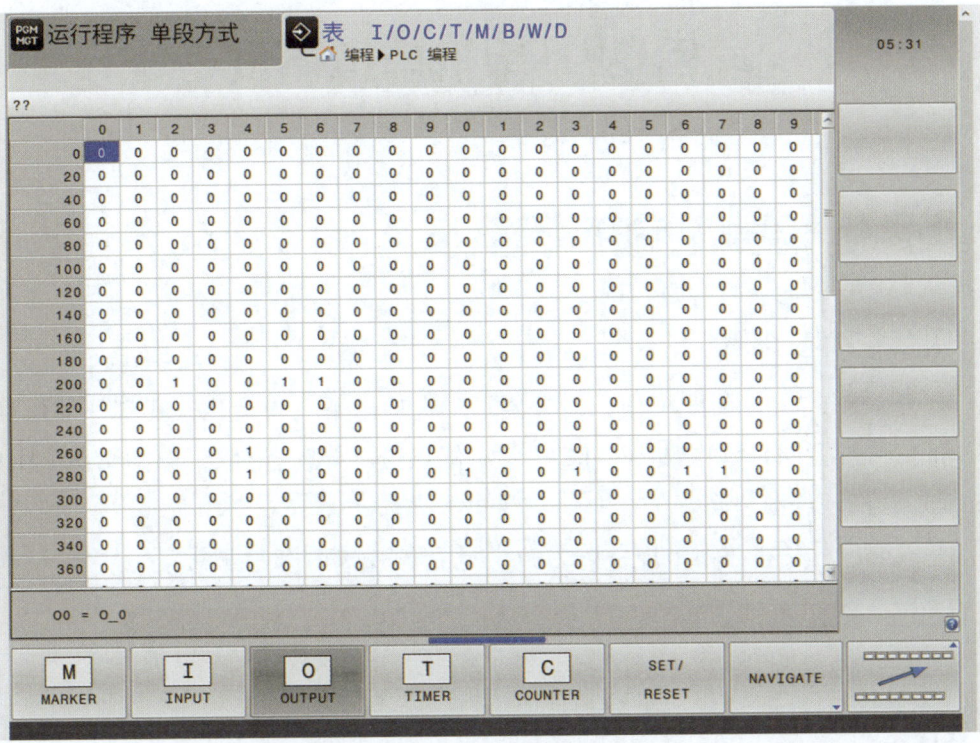

图 2-39　查看变量表

2.4.3　练习

通过视频（视频路径 :\1\ 海德汉数控虚拟调试资源包 \E700U 虚拟调试 .mp4）编写 TNC640 加工程序，完成视频中的效果。

项目 3 单机虚拟调试

任务 3.1 MCD 调试准备

3.1.1 NX 配置 TCP

打开 NX E700U 装配模型，在"主页"选项卡下"自动化"找到外部信号，在外部信号配置对话框中选择"TCP"，右侧点击"导入连接"，选择文件夹中的 EXCEL 表格，点击"确定"。

导入完成后，将"字节序"改为"小字节序"，如图 3-1 所示。

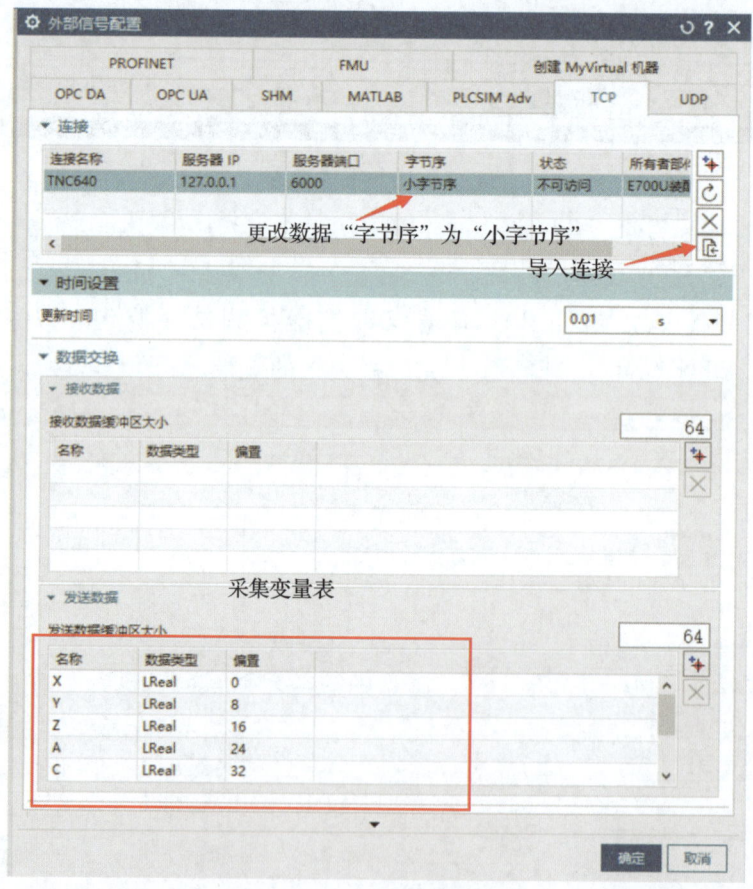

图 3-1 外部信号配置

3.1.2 NX 信号映射

在"自动化"下找到信号映射，打开信号映射对话框，类型选择"TCP"，选择"自动映射"，观察下方是否成功映射。若两边变量名称不一致，则选择"手动映射"，将 MCD 信号与外部信号对应起来，如图 3-2 所示。

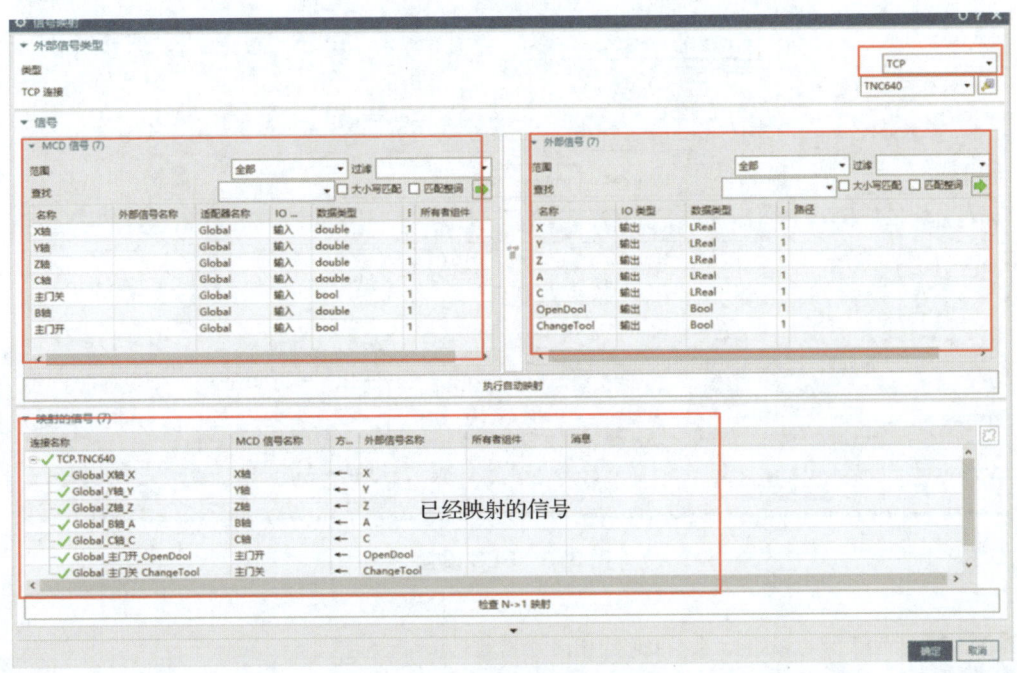

图 3-2　执行信号映射

任务 3.2　TNC640 准备调试

3.2.1 打开 PLC 设置

如 2.4.2 小节所示，打开 TNC640 的 PLC 设置，这样在程序中才能对信号进行置位与复位，以此达到开关门效果，如图 3-3 所示。

3.2.2 RS 中间件

以管理员身份运行海德汉中间件文件，海德汉 IP 处填写海德汉机床的 IP 地址，点击"连接机床"，连接成功后，等待 NX 开始仿真后点击"开始通讯"，如图 3-4 所示。

图 3-3 PLC 设置

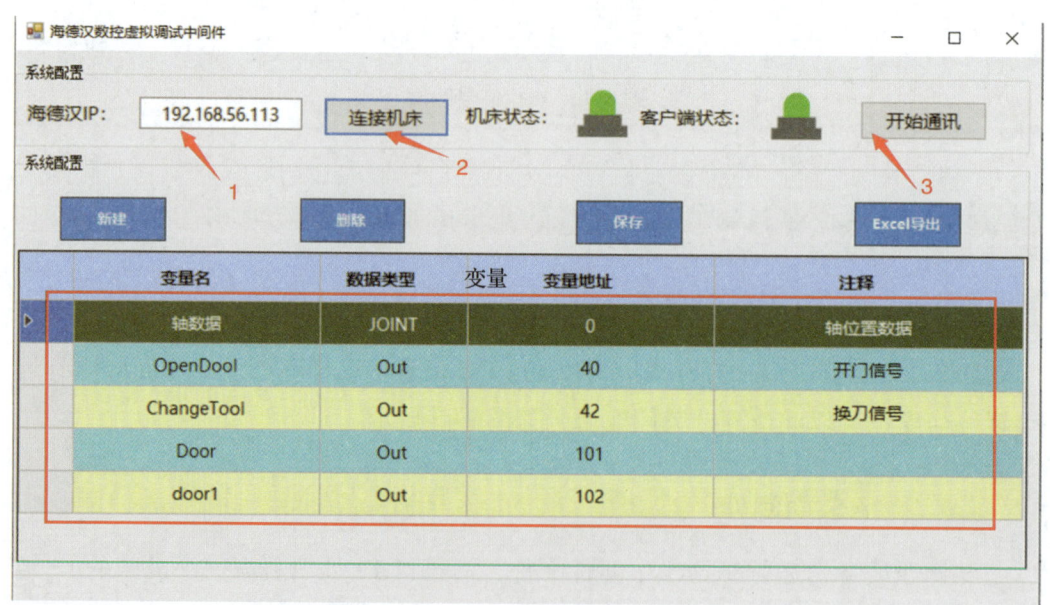

图 3-4 海德汉中间件

任务 3.3　虚拟调试

最终虚拟仿真环境如图 3-5 所示,左侧是海德汉 TNC640 系统组成;右侧是 MCD 机床模型。通过虚拟仿真能帮助机器制造商同时执行设计和调试步骤,相对于之前必须一个接着一个地执行步骤快了许多,大大地加快了整个机床的生产过程。

基于虚拟环境模型对机床加工进行虚拟调试,这不仅节省了大量的时间,而且可以在虚拟调试中获得重要的实际进展,提升机床在生产切削时的效率,降低加工生产的风险。

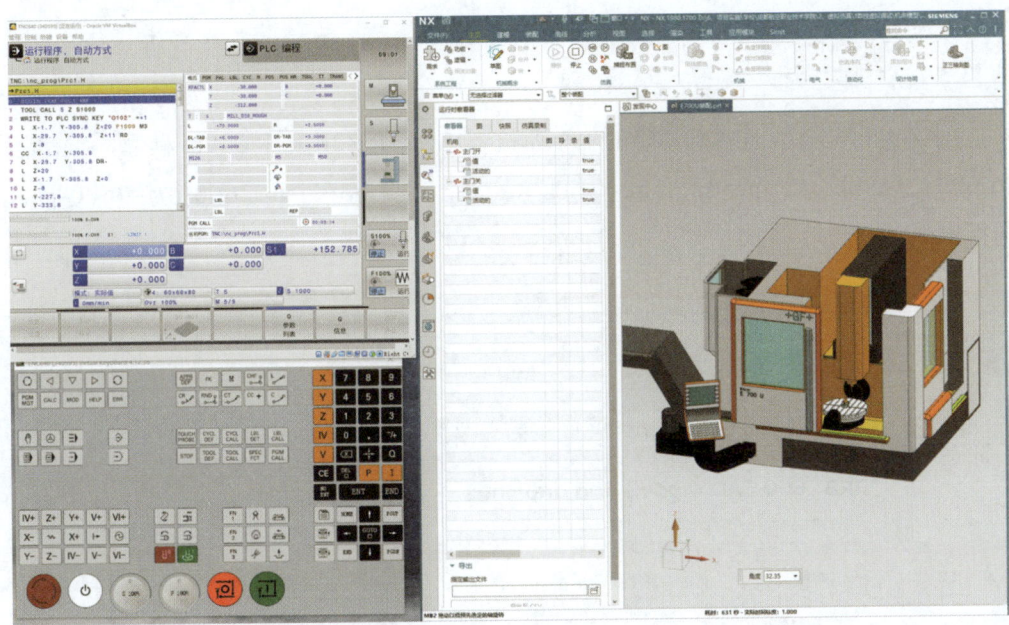

图 3-5　虚拟仿真

项目 4　机器人 MCD 运动定义

任务 4.1　机器人在 MCD 中的数字化模型

4.1.1　模型导入

1. 模型下载（模型路径 :\单元虚拟调试资源包 \ 单元模型 \ 原始模型 \ 机器人抓手新 .STEP）

在 ABB 官网下载需要用到的六轴机器人（IRB2600）CAD 模型，地址为 https://new.abb.com/products/robotics/industrial-robots/irb-2600/irb-2600-cad。选择格式为 STEP 格式，如图 4-1 所示。

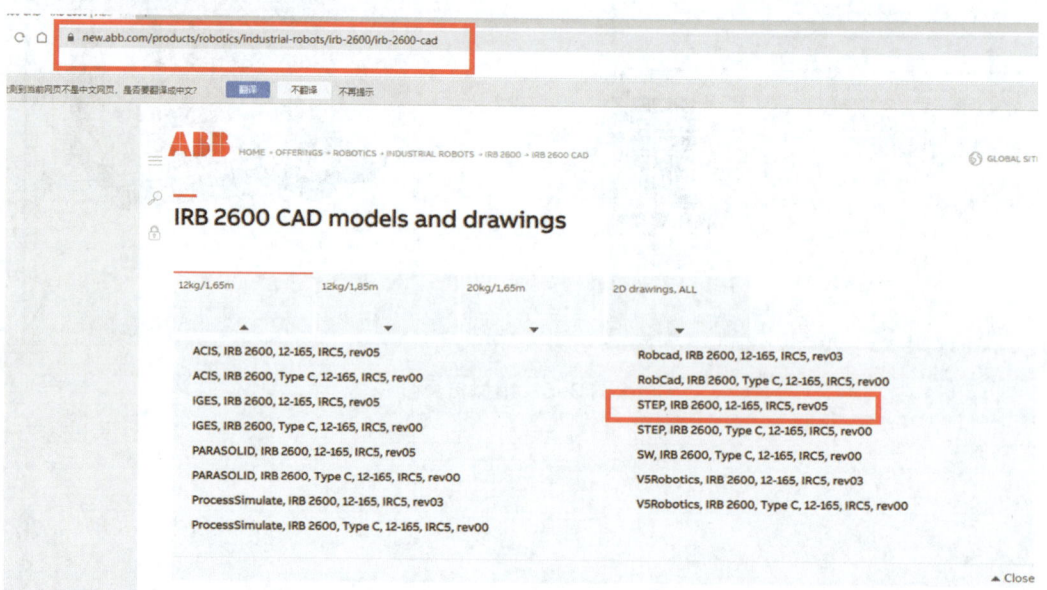

图 4-1　模型下载

2.NX 导入模型

启动 NX 1980，在文件选项菜单中选择"打开模型"并保存（注：打开类型选择所有文件类型，否则找不到 STEP 文件），打开机器人，如图 4-2 所示。

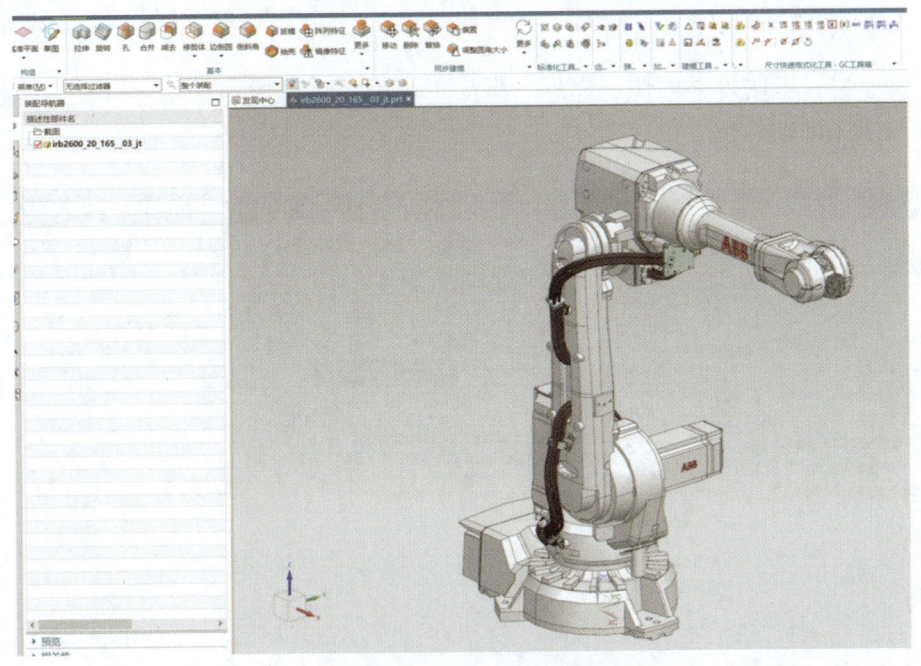

图 4-2　NX 中机器人模型

3. 装配机器人夹具

在 NX 装配栏中选择"添加电极座夹手夹具装配体",并装配至机器人第六轴 TCP 处,如图 4-3 所示。

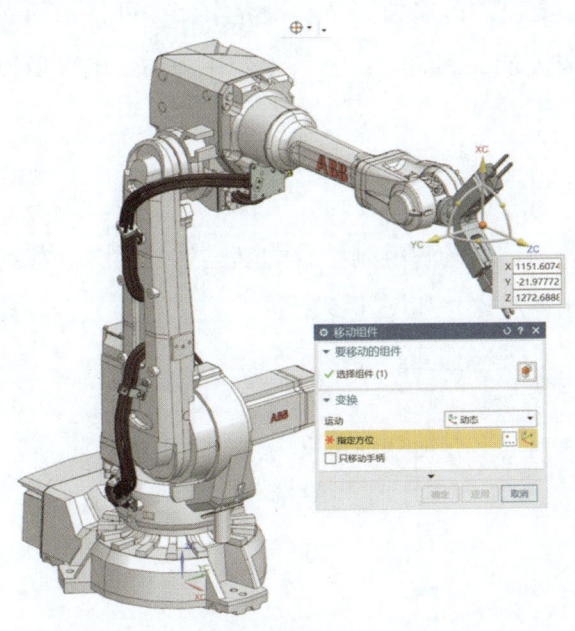

图 4-3　装配机器人夹具

4. NX 机电概念设计板块

在 NX 应用模块下选择"更多"选项卡中的"机电概念设计"进入 NX MCD 中,如图 4-4 所示。

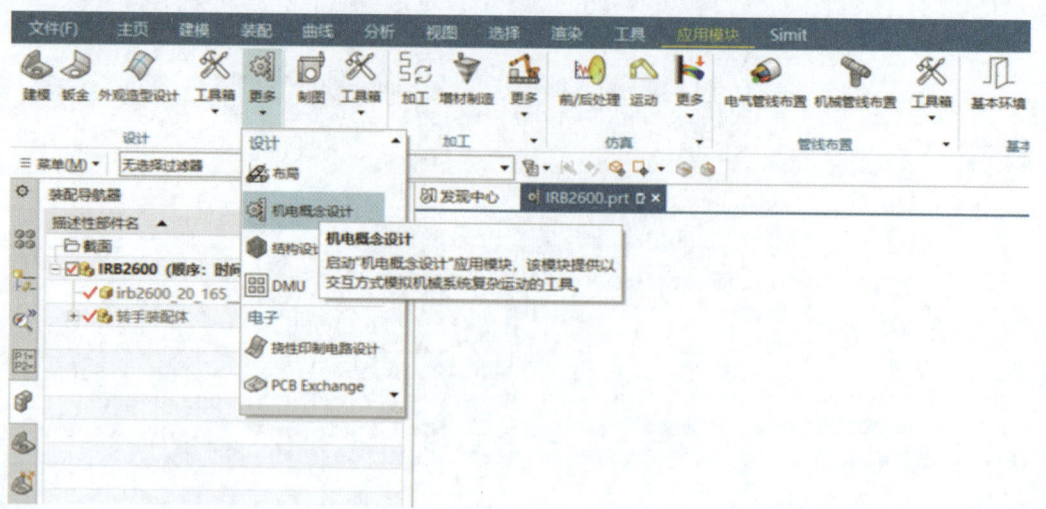

图 4-4　进入 NX MCD

4.1.2　机器人刚体属性定义

1. 刚体定义

在 MCD 中,要使物体能如同真实世界中那样进行运动必须设置为刚体,当物体为刚体对象时才能受到重力或者其他作用力的影响,所以需要将机器人六个轴设置为刚体。

2. 底座

机器人的底座为后面的铰链副,作为基本件,同时承载约束第二轴,所以底座也需要设置为刚体对象,如图 4-5 所示。

3. 第一轴至第五轴

同理,将第一轴至第五轴分别定义为刚体,如图 4-6 所示。

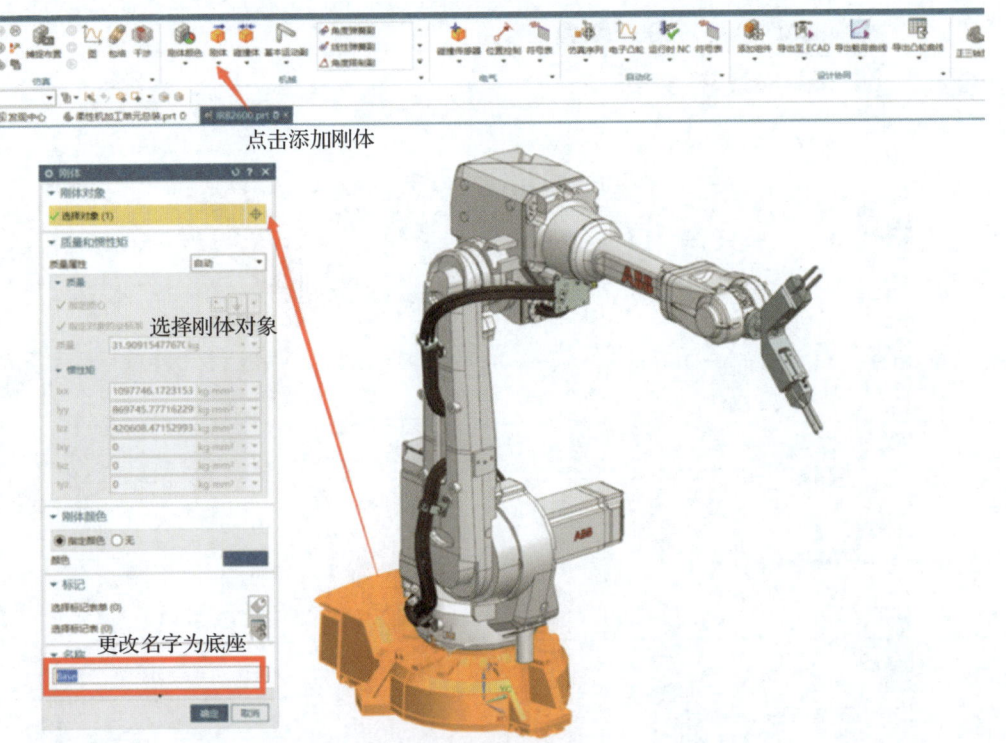

图 4-5 设置底座为刚体

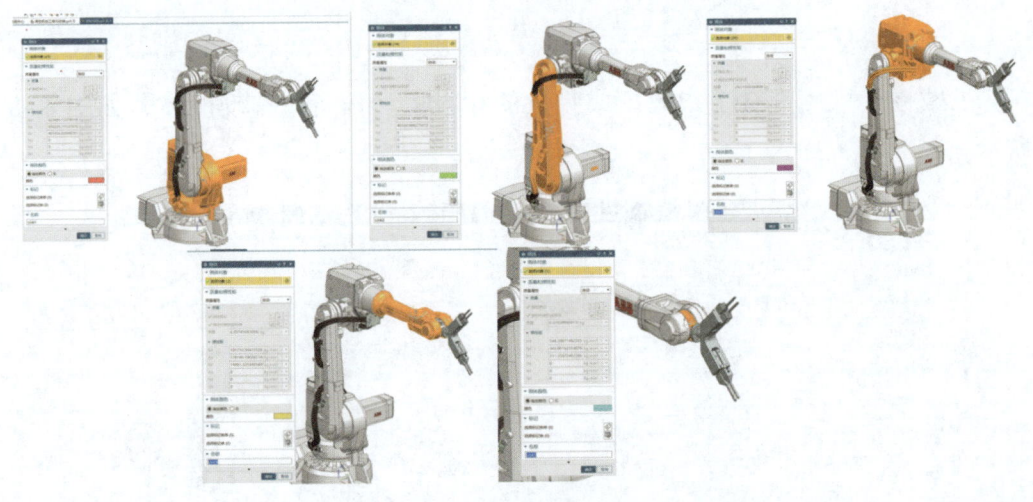

图 4-6 第一轴至第五轴刚体定义

4. 第六轴刚体

第六轴因为带有夹手装配体，六轴动作时需要带动夹手装配体一起动作，所以在选择刚体对象时将夹手装配体一起选中，如图 4-7 所示。

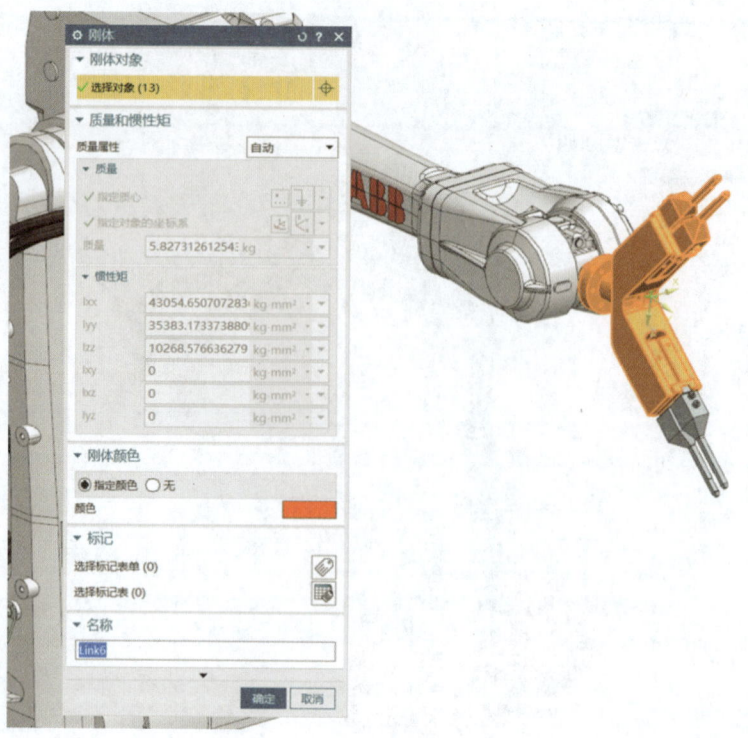

图 4-7 第六轴刚体定义

4.1.3 机器人夹具握爪定义

1. 握爪定义

机械握爪可用带有手指握爪或吸盘的材料搬运设备来移动刚体,如图 4-8 所示。

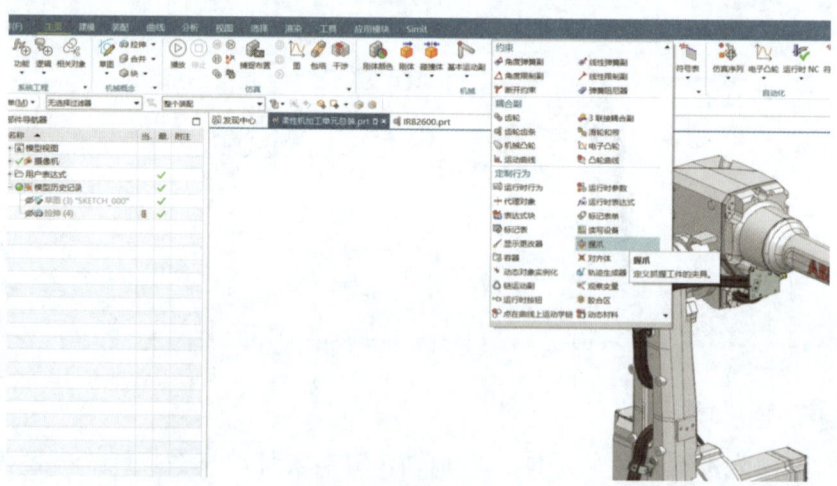

图 4-8 握爪位置

2. 夹手装配体定义为握爪

握爪需要选择夹手装配体不需要动作的部分作为基本体，即基本体选择 Link6（第六轴），检测区域方式选择为中点和长度，手指体可分为手指 1 和手指 2，分别选择两个部件（手指体不需要定义成刚体），矢量方向为手指运动方向，定义最大位置为 3，如图 4-9 所示。

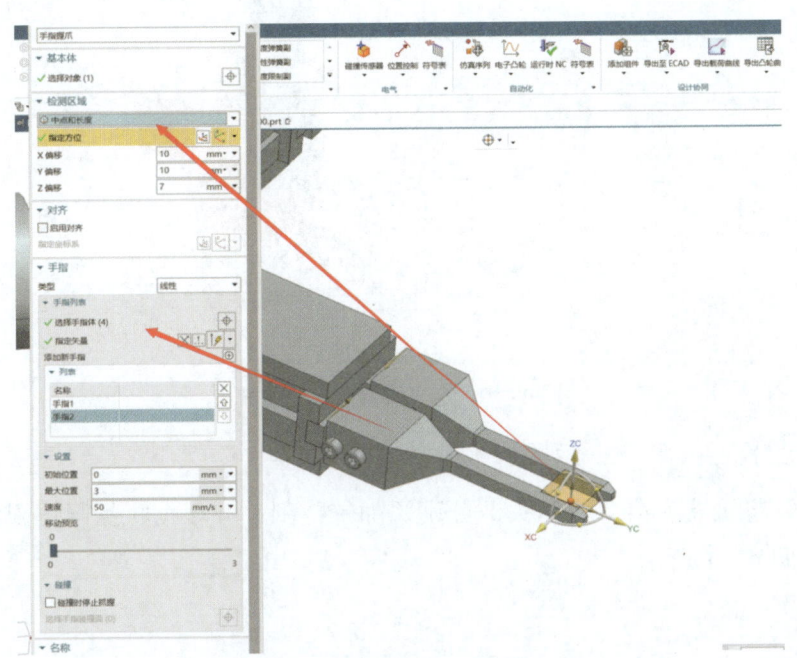

图 4-9 机器人夹具握爪定义

4.1.4 机器人运动定义（铰链副）

1. 铰链副定义

根据机器人运动姿态定义机器人六轴运动副，因为机器人运动是靠六个轴伺服运动，所以运动副选择铰链副。使用铰链副命令在两个刚体之间建立关节，允许一个沿轴线的转动自由度。

2. 定义机器人第一关节

在第一关节处机器人底座不动，一轴带动其他轴沿着一轴轴心做旋转运动。连接件刚体对象为 Link1，基本件刚体对象为 Base，轴矢量为平行于 Z 轴，锚点为机器人一轴轴心。同时，根据实际机器人机械角度给铰链副设置一个上限及下限位置，最后命名为"Link1"，如图 4-10 所示。

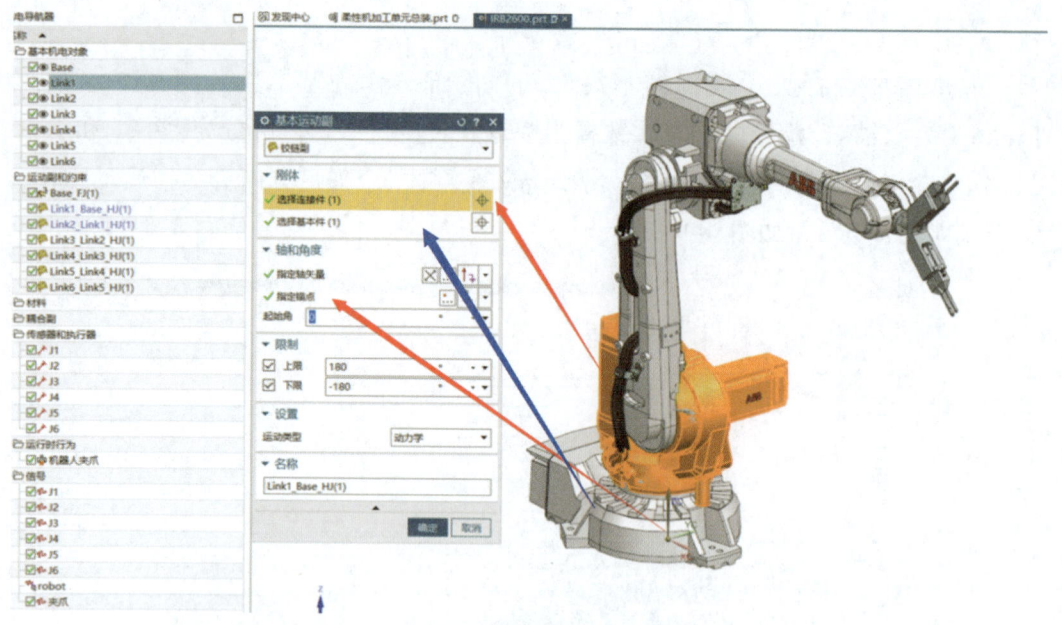

图 4-10　定义机器人第一关节

3. 定义机器人第二～六关节

同理，将机器人第二～六关节分别添加铰链副，并根据机械限位限制上下限角度，如图 4-11 所示。

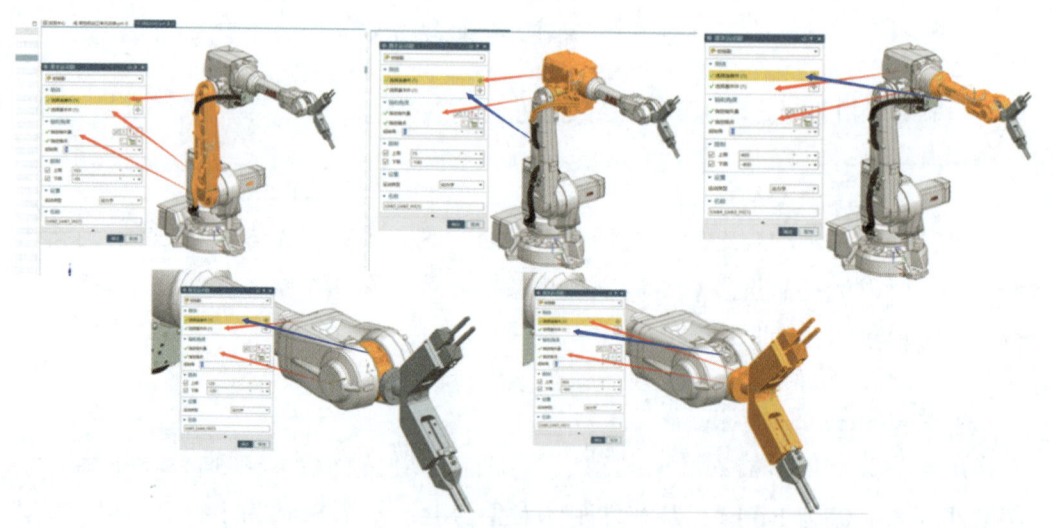

图 4-11　定义机器人第二～六关节

4.1.5 机器人运动控制驱动（位置控制）

1. 位置控制

定义好机器人关节后，机器人会有带铰链约束，但并不能按照指定位置运动，这里需要给每一个关节添加一个位置驱动，通过绑定变量后给关节位置和速度值控制机器人关节运动。

2. 位置控制关联第一关节

机电对象选择第一关节铰链副，目标即位置给为"0"，通过信号绑定赋予值。速度为定值"400"，命名为"J1"，如图4-12所示。

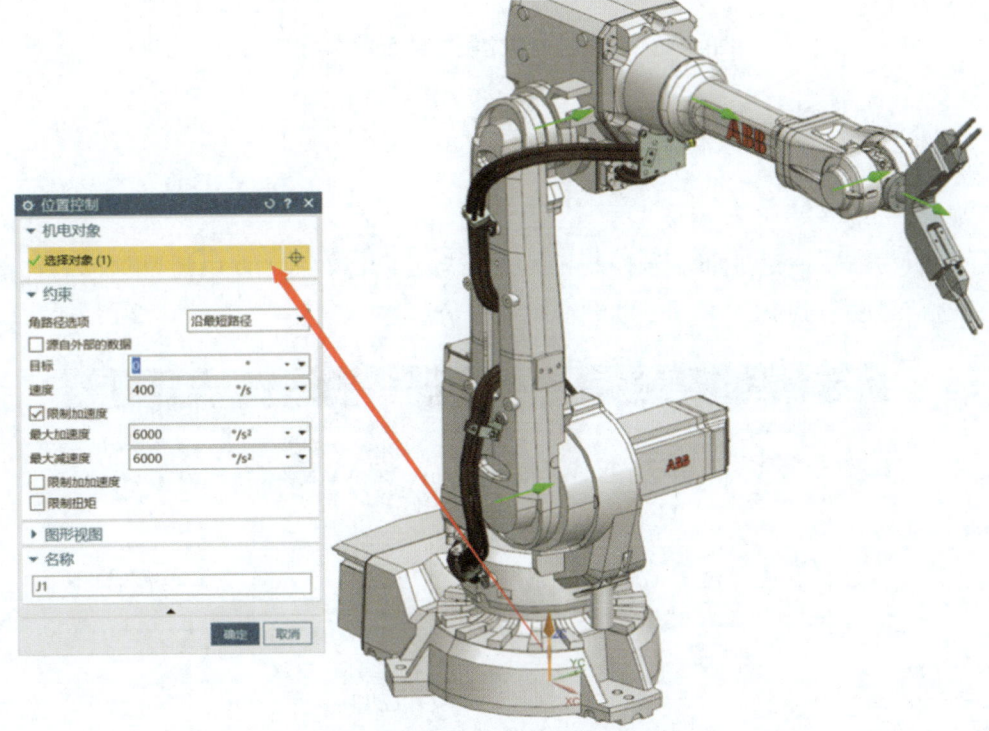

图4-12 位置控制绑定铰链副（第一关节）

3. 位置控制关联第二～六关节

同理，将第二～六轴位置控制绑定铰链副，如图4-13所示。

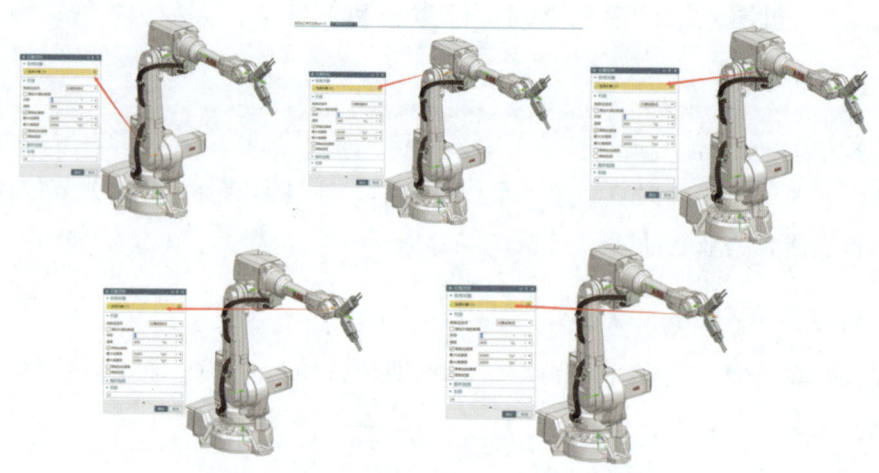

图 4-13　位置控制绑定铰链副（第二～六关节）

4.1.6　创建信号关联机器人驱动

1. 信号创建

因为需要通过外部信号控制机器人姿态，所以在 MCD 中需要创建内部信号通过信号映射到 PLC 信号，如图 4-14 所示。

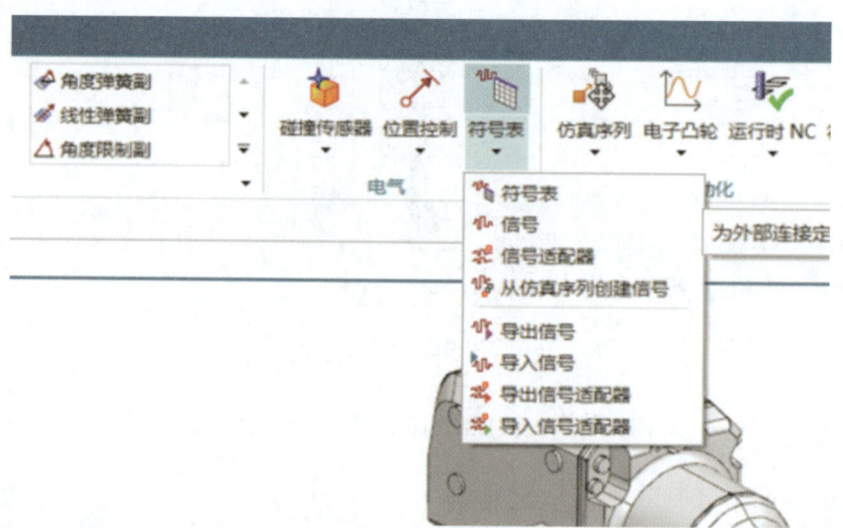

图 4-14　符号表

2. 创建符号表

在"电气"或"自动化"模块下找到"符号表"，根据连接需要分别创建以下符号表及里面的信号（主要是机器人六轴位置信号及夹爪动作信号）。位置信号 I/O 类型是"输入",数据类型为"double"。夹爪动作 I/O 类型为"输入",数据类型为"bool",如图 4-15 所示。

3. 创建信号

在"电气"或"自动化"模块下找到"信号",将刚才创建的信号表中的信号创建在右侧的"信号"下,便于后面选中。

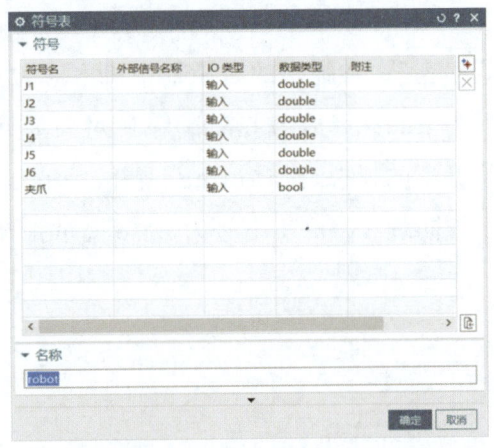

图 4-15 创建符号表

勾选"连接运行时参数","机电对象选择为"第一关节的位置控制",参数名称选择为"位置",I/O 类型与符号表创建一致为"输入",选择信号名称为"J1",即通过控制 J1 信号来控制 J1 关节运动,实现内部信号关联位置控制,如图 4-16 所示。

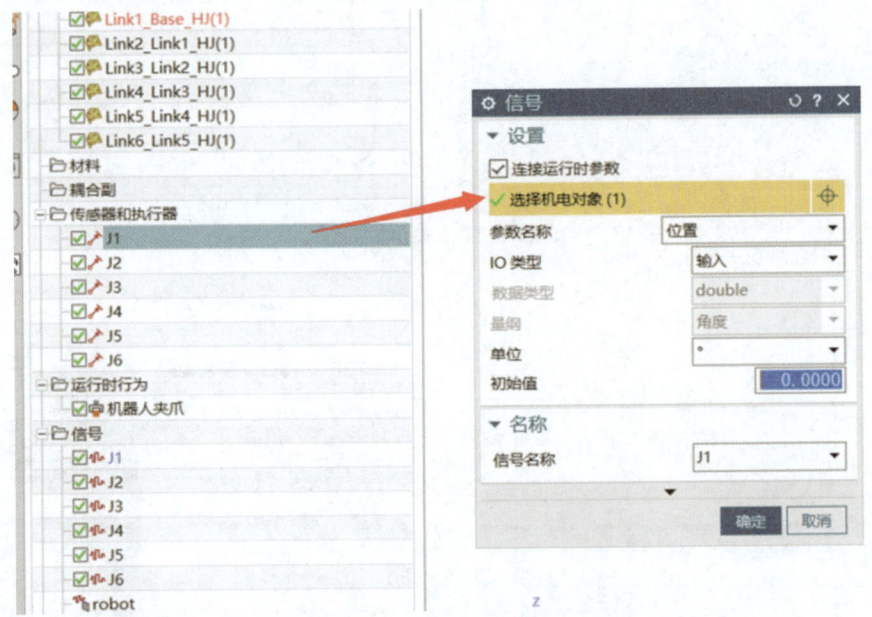

图 4-16 信号关联位置控制

同理将第二~六关节一一与信号进行关联。

4. 关联夹具动作信号

因为夹具信号只用了一个信号控制夹具的开关,所以需要通过仿真序列实现信号为 true 时夹具闭合,为 false 时夹具打开。

NX 左侧菜单栏中选择"序列编辑器",选中右侧文件夹,右击选择"添加仿真序列",在弹出的对话框中机电对象选择之前定义的握爪,运行时参数勾选抓握为 true,释放为 false,条件对象为夹爪信号为 true,即当夹爪信号为 true 时,将握爪的抓握动作为 true,释放为 false,实现信号控制夹爪闭合,如图 4-17 所示。同理,将夹爪信号为 false 握爪张开关联,如图 4-18 所示。

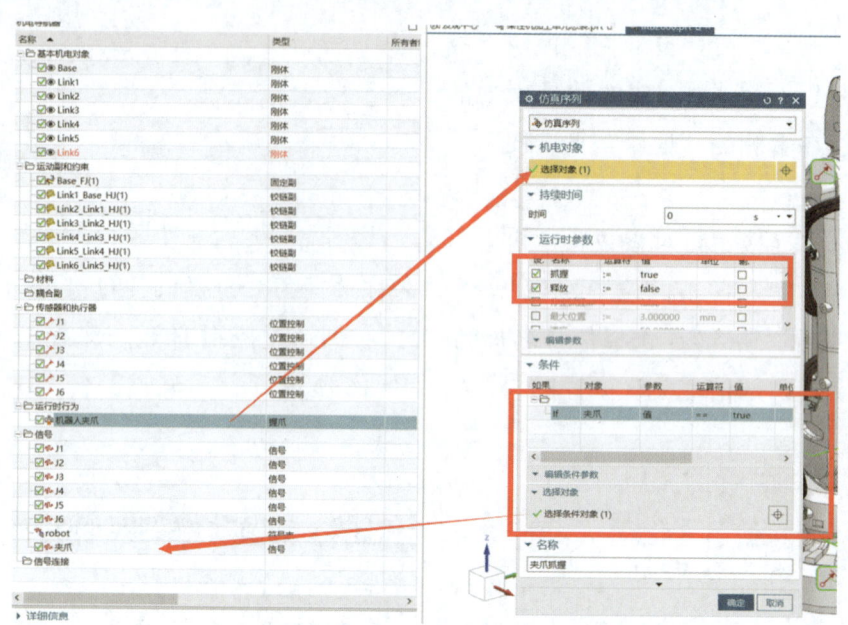

图 4-17　夹爪闭合

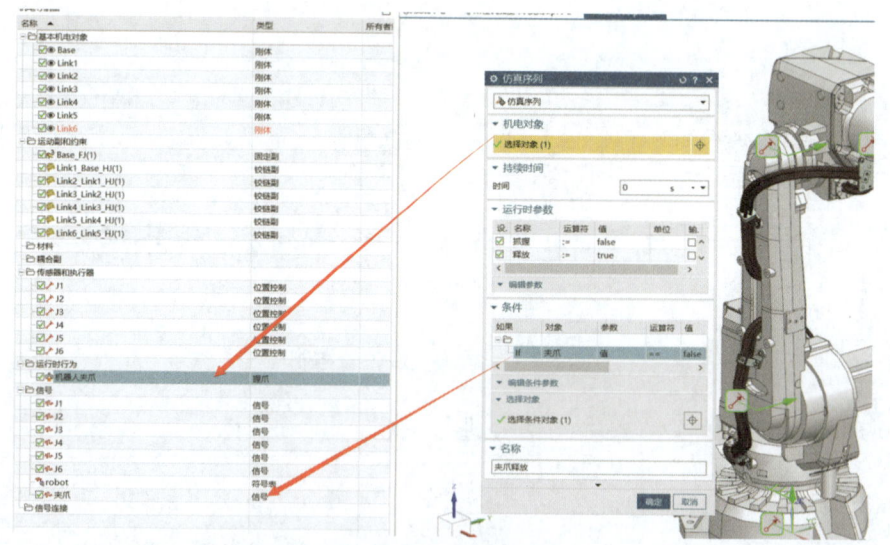

图 4-18　夹爪张开

4.1.7 练习

根据本任务学习内容，完成以下题目：

1）将 STEP 格式的机器人模型导入 MCD 软件中，并将电极座夹具装配至机器人末端轴上。

2）根据机器人以及夹具的机械结构与运行原理，为机器人模型添加刚体属性；并添加合适的运动副以形成机器人各轴关节，使其具备机械运动的属性。

3）为机器人以及末端夹具添加为机器人以及末端夹具的各个轴关节添加合适的驱动对象，使其能够根据输入的"位置""速度"参数，驱动机器人关节做对应的运行动作。

4）添加"信号"对象，并将信号与驱动对象相关联，使参数能够通过信号输入至驱动对象中，以实现通过信号控制 MCD 中的虚拟机器人。

任务 4.2　机床在 MCD 中的数字化模型

4.2.1　模型导入

1. NX 导入 IGES 模型（模型路径:\单元虚拟调试资源包\单元模型\原始模型\H800W.igs）

在文件菜单栏下选择"导入"，导入 IGES 文件，选择 IGES 文件，如图 4-19 所示。导入成功后保存文件，如图 4-20 所示。

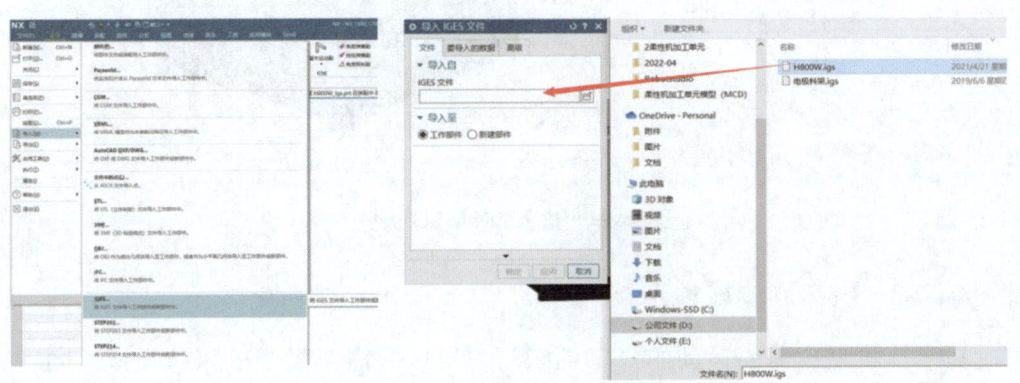

图 4-19　导入 IGES 机床模型

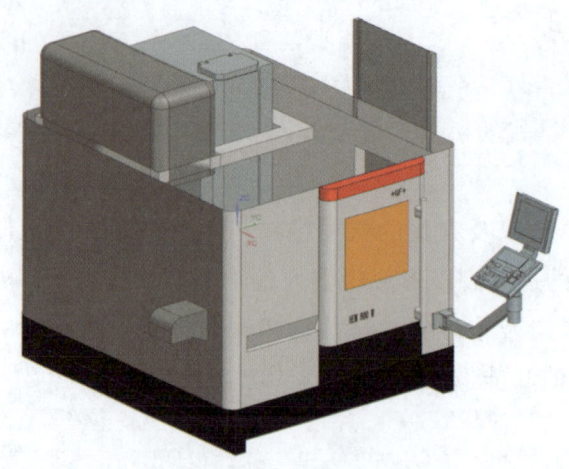

图 4-20 机床模型

2. 进入机电概念设计板块（MCD）

同理，进入 NX MCD 板块，如图 4-21 所示。

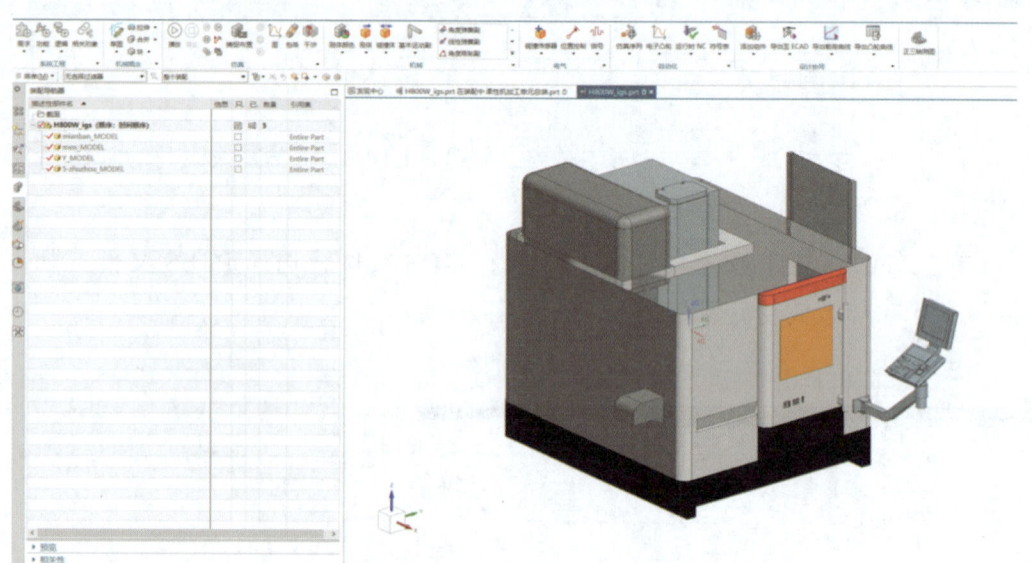

图 4-21 进入 NX MCD 板块

4.2.2 机床刚体属性定义

在车床模型中需要运动的只有机床门，所以只需要赋予机床门刚体。同理，选择"创建刚体"，在弹出的刚体对话框中刚体对象选择"机床门"，命名为"机床门"，如图 4-22 所示。

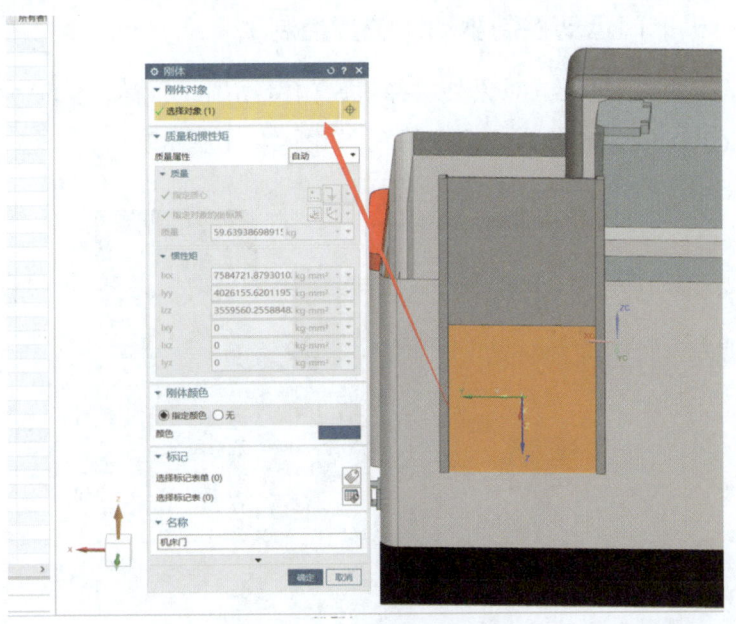

图 4-22 机床门刚体定义

4.2.3 机床运动定义（滑动副）

该机床门沿着大地坐标的 Z 轴上下滑动，所以选择基本运动副中的滑动副。连接件为机床门（刚体），基本件为大地（即不选）。轴矢量为平行于 Z 轴。命名为"机床门"，如图 4-23 所示。

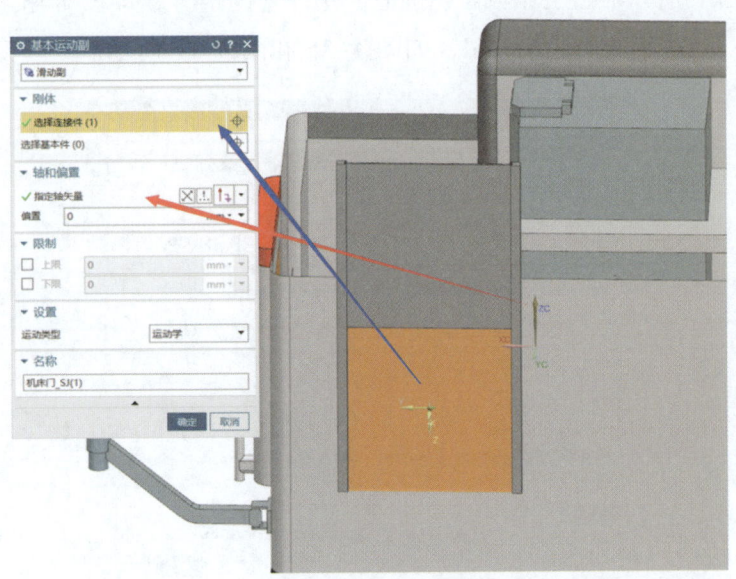

图 4-23 机床门滑动副

项目 4　机器人 MCD 运动定义

4.2.4 机床门运动控制驱动（位置控制）

创建位置控制，在机电对象处选择机床门滑动副，目标（位置）为"0"，速度值为定值"1000"，命名为"机床门"，如图4-24所示。

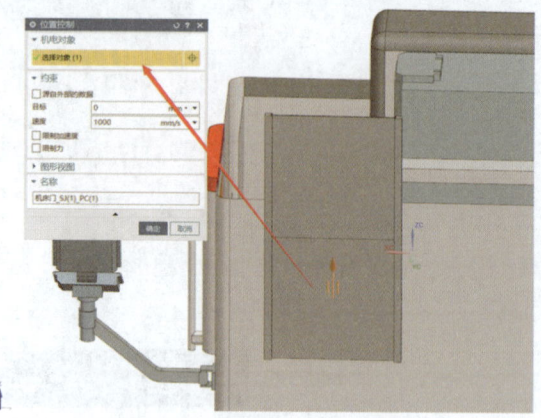

图4-24 机床门位置控制

4.2.5 创建信号并关联机床门驱动

1. 创建信号

创建机床信号表，建立信号控制机床门动作。

在机床中，除了控制机床门开关的开门请求与关门请求，还有检测开关门是否到位的开门到位、关门到位信号和是否允许开门信号，即两个输入信号和三个输出信号，数据类型全部为bool，如图4-25和图4-26所示。

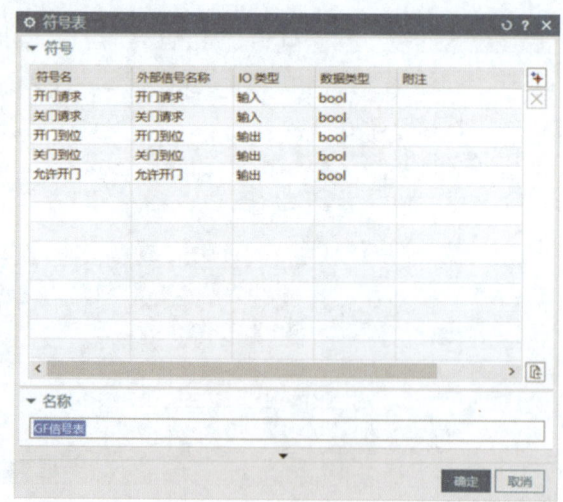

图4-25 机床信号表

添加信号

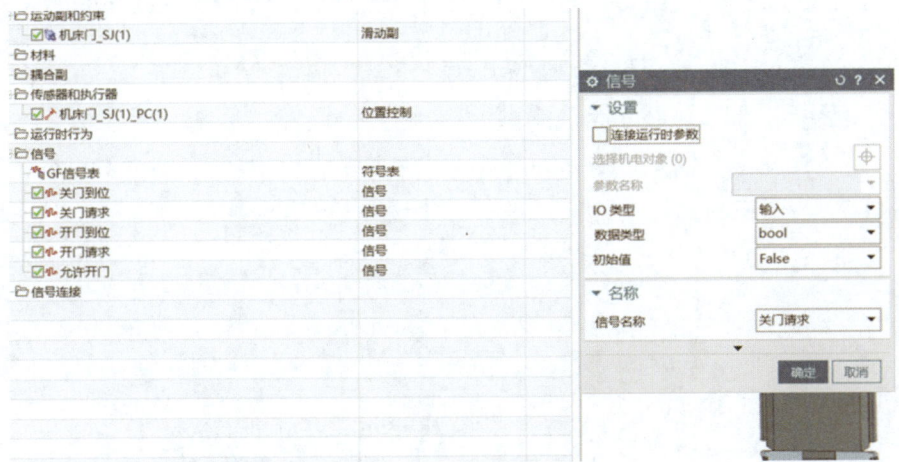

图 4-26　添加信号

2. 关联仿真序列

将仿真序列与信号关联，添加条件为开门请求为 true、关门请求为 false，位置为"900"，机电对象为"机床门控制的仿真序列"，实现开门信号机床门打开，如图 4-27 所示。同理，添加关门信号机床门关闭的仿真序列，如图 4-28 所示。

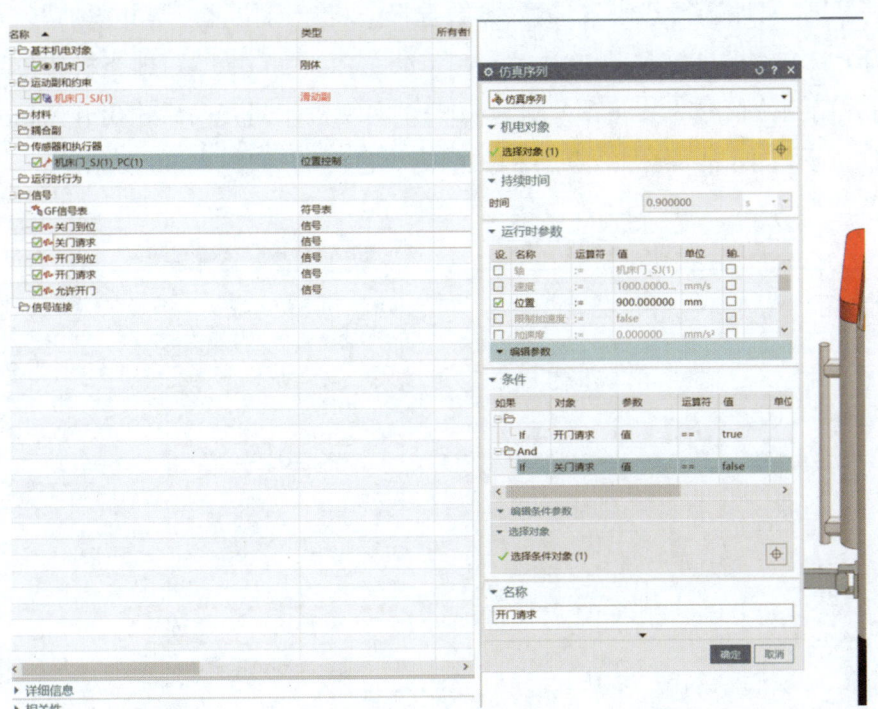

图 4-27　开门请求

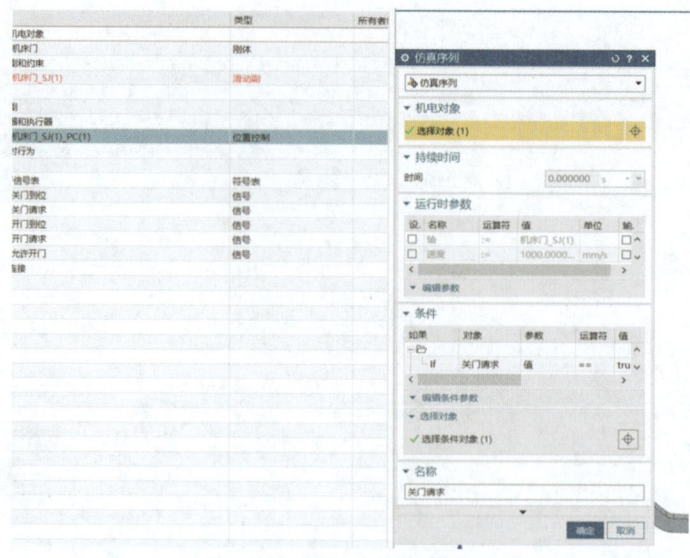

图 4-28 关门请求

4.2.6 添加运行时表达式检测机床开关门

添加运行时表达式检测机床是否开关门状态,并输出信号。在左侧菜单栏中选择"运行时表达式",右键添加表达式,弹出对话框中赋值的参数选择"开门到位信号",属性选择"值",输入参数选择"机床门位置控制并添加",在表达式中写上"If(机床位置=900)Then(true)Else(false)"即当机床位置等于 900 时开门到位信号为 true,否则为 false。实现机床门开门后输出开门信号,如图 4-29 所示。同理可添加"机床门关门到位检测",如图 4-30 所示。

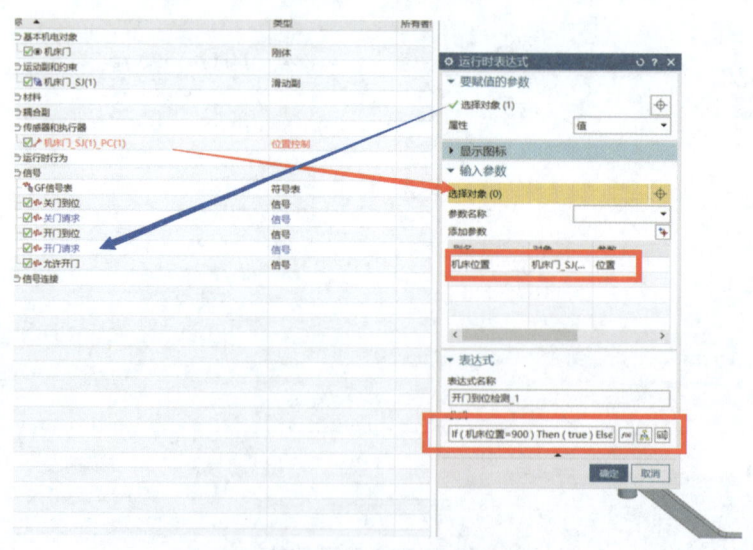

图 4-29 机床门开门到位检测

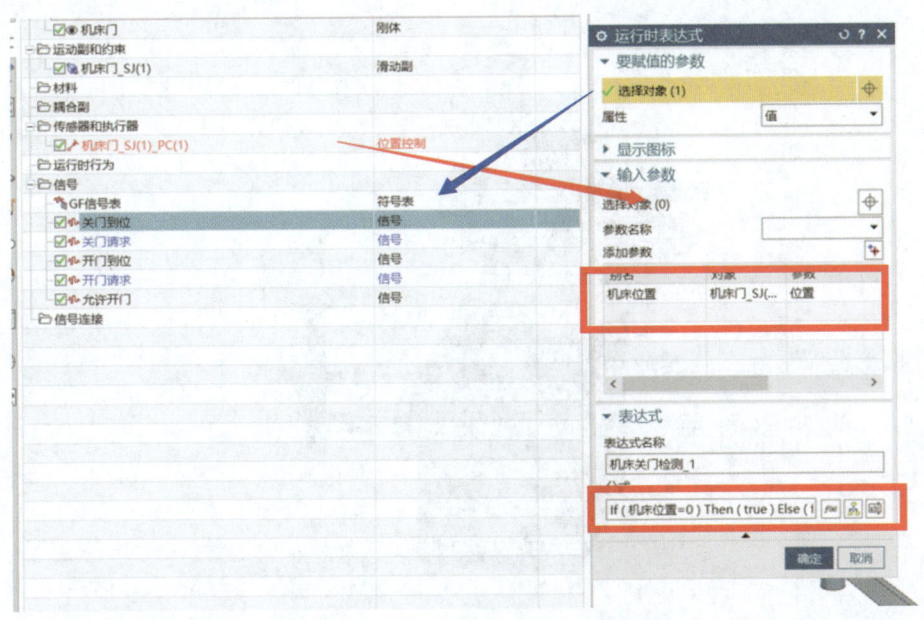

图 4-30 机床门关门到位检测

4.2.7 练习

根据本任务学习内容,完成以下题目:

1)打开 NX MCD,导入 IGES 格式的机床原始模型。

2)为机床门添加刚体属性和滑动副。

3)为机床门的滑动副添加位置控制驱动对象,并创建信号与之关联。

4)创建机床门状态信号,并添加运行时表达式,实现机床门位置为 900mm 时,输出开门到位信号,位置为 0mm 时,输出关门到位信号。

任务 4.3　检测机在 MCD 中的数字化模型

4.3.1　模型导入

1. 模型导入(模型路径:\单元虚拟调试资源包\单元模型\原始模型\TIGOSF.STP)

同 4.2.1 小节的方式一样导入 STP 格式的检测机模型,并导入一个电极座零件,便于后面做检测机测量路径,如图 4-31 所示。

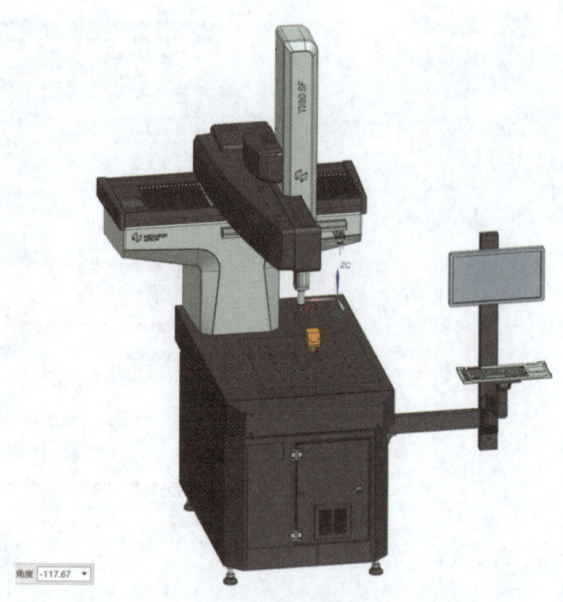

图 4-31 检测机模型

2. 进入机电概念设计板块

同理，进入机电概念设计板块（MCD），如图 4-32 所示。

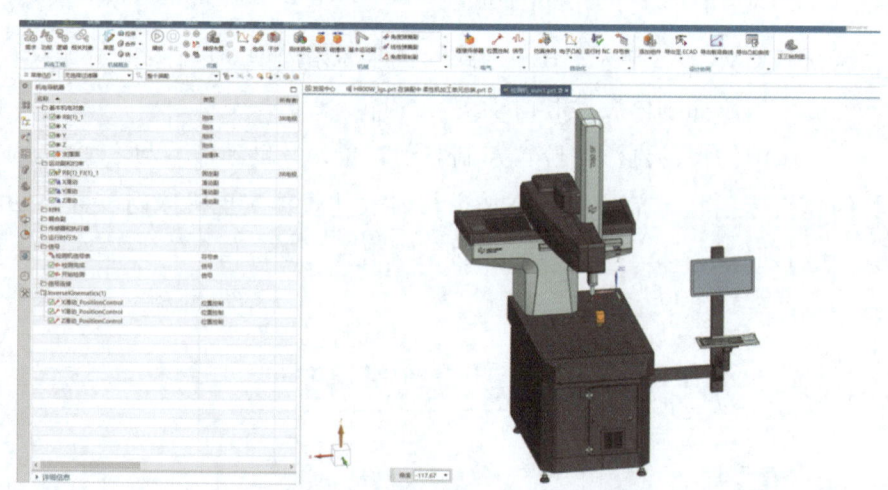

图 4-32 进入机电概念设计板块

4.3.2 检测机刚体属性定义

1. 刚体定义

检测机需要沿着 X、Y、Z 三个轴移动，所以要将三个轴运动的部件添加为刚体属性。

2. X 轴刚体定义

X 轴刚体定义如图 4-33 所示。

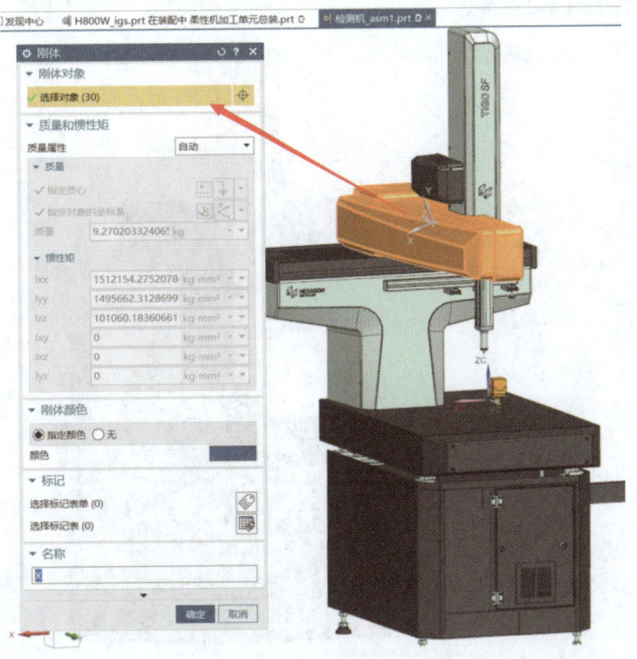

图 4-33　X 轴刚体定义

3. Y 轴刚体定义

Y 轴刚体定义如图 4-34 所示。

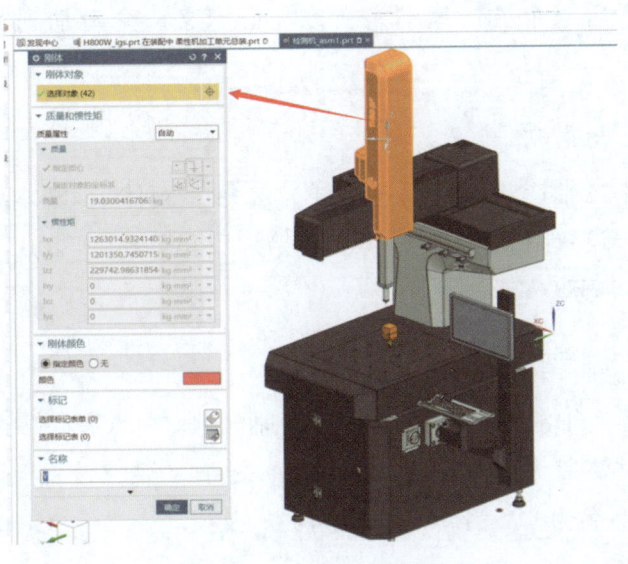

图 4-34　Y 轴刚体定义

4. Z 轴刚体定义

Z 轴刚体定义如图 4-35 所示。

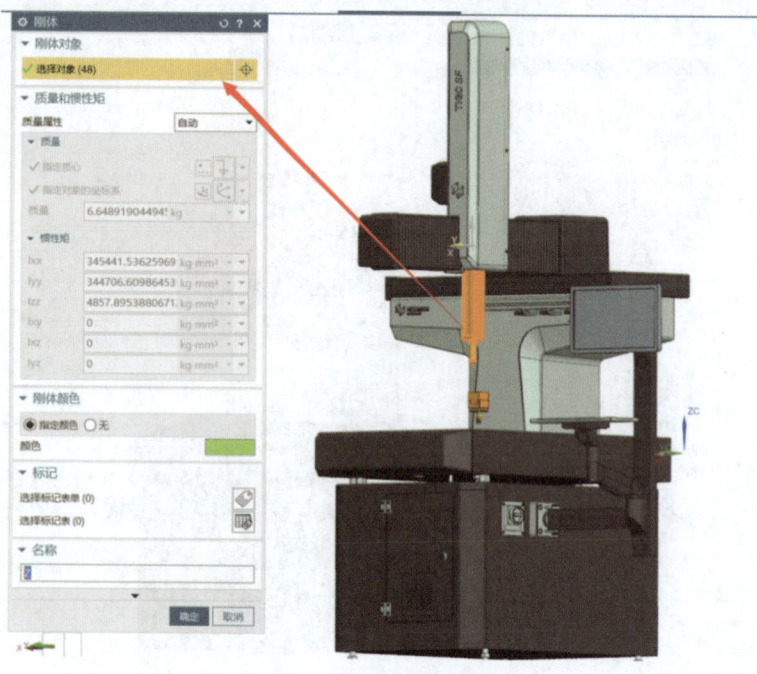

图 4-35　Z 轴刚体定义

4.3.3　检测机运动定义（滑动副）

1. 检测机运动定义

检测机要沿着三个方向运动，所以需要定义三个滑动副实现检测机检测效果。

2. 检测机 X 轴运动

检测机沿着 X 轴运动，所以连接件为 X 轴（刚体），基本体为大地，轴矢量平行于 X 轴，设置限制上限、下限分别为 "200" 和 "-200"，命名为 "X 滑动"，如图 4-36 所示。

3. 检测机 Y 轴运动

同理，添加 Y 轴滑动副，连接件为 Y 轴（刚体），基本件为 X 轴（刚体），因为 X 轴移动时要带动 Y 轴移动，轴矢量平行于 Y 轴，设置上限为 "330"，下限为 "-200"，命名为 "Y 滑动"，如图 4-37 所示。

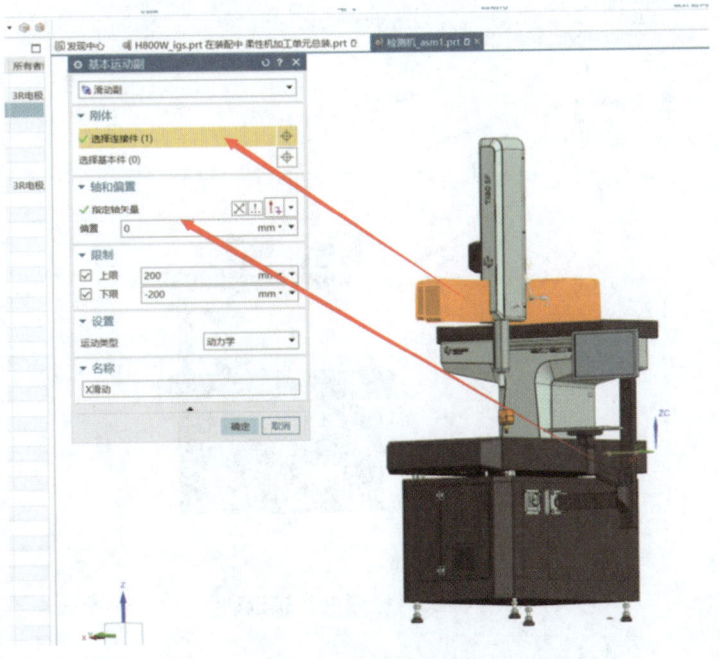

图 4-36 检测机 X 轴运动

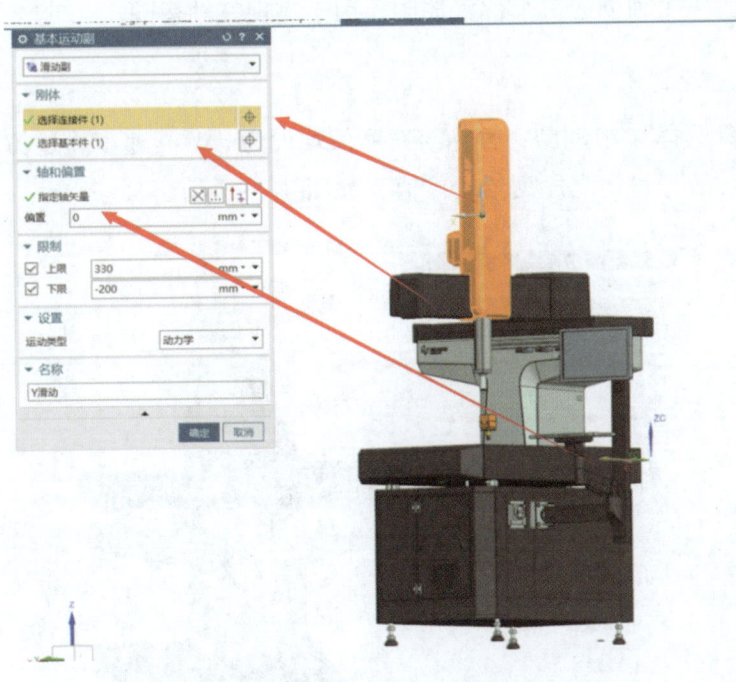

图 4-37 检测机 Y 轴运动

4. 检测机 Z 轴运动

Z 轴与 Y 轴的设置方式一致，如图 4-38 所示。

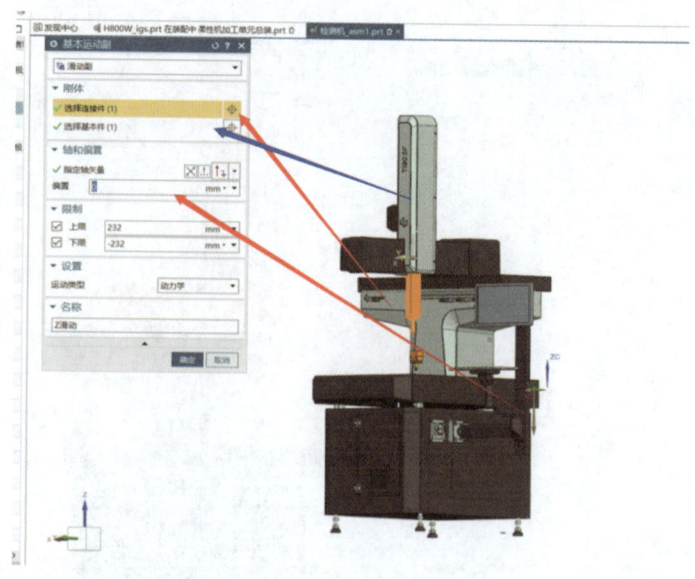

图 4-38 检测机 Z 轴运动

4.3.4 检测机运动控制（位置控制）

同理，为三个轴创建三个位置控制，用于实现三轴运动。

1. X 位置控制

机电对象选择 X 滑动副，目标与速度值均设为"0"，速度通过仿真序列时间自动计算，位置通过仿真序列给具体值，如图 4-39 所示。

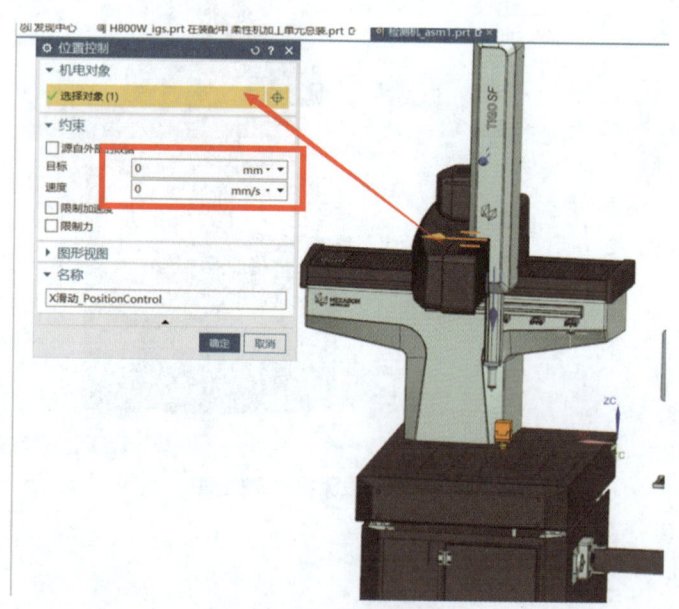

图 4-39 X 位置控制

2. Y 位置控制

Y 位置控制如图 4-40 所示。

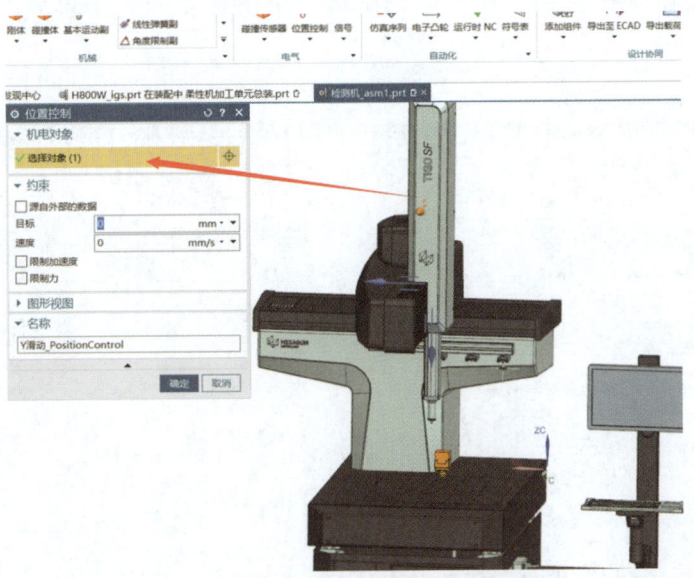

图 4-40　Y 位置控制

3. Z 位置控制

Z 位置控制如图 4-41 所示。

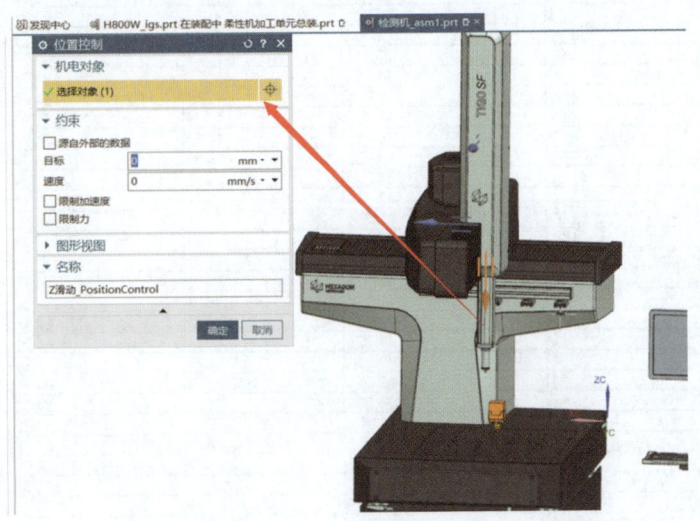

图 4-41　Z 位置控制

4.3.5　仿真序列控制检测机检测

在仿真序列中分别给 X、Y、Z 不同的位置，这样仿真检测机检测。

例如，检测机移动到"-17.507999"，"-5.274000"，"91.773003"这个位置就分别添加三个仿真序列给 X、Y、Z 轴分别赋予位置，如图 4-42 所示。如果需要三个轴依次动作，则在仿真序列中将三个仿真序列链接起来，如图 4-43 和图 4-44 所示。

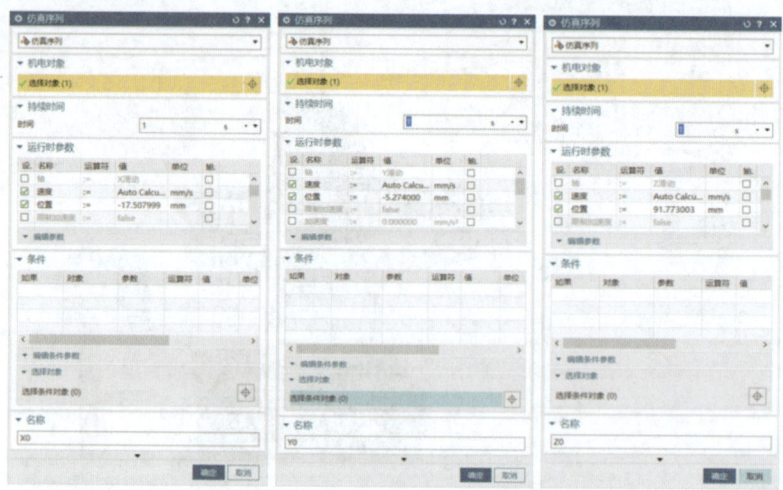

图 4-42　单个点的三轴仿真序列

	A	B	C	D
1	time(sec)	X滑动-位置(mm)	Y滑动-位置(mm)	Z滑动-位置(mm)
2	0.99	-17.508	-5.274	91.773
3	2.01	-18.182	49.672	92.7
4	3	-72.901	49.672	92.7
5	3.99	-72.901	-4.722	92.7
6	5.01	-17.685	-5.327	92.42
7	6	-17.685	-5.327	64.7
8	6.99	-26.1	4.078	64.7
9	8.01	-26.185	4.173	81.723
10	9	-26.185	4.173	64.7
11	9.99	-47.31	4.173	64.7
12	11.01	-47.524	4.173	81.735
13	12	-47.524	4.173	64.717
14	12.99	-65.701	4.173	64.7
15	14.01	-65.904	4.173	81.74
16	15	-65.904	4.173	64.717
17	15.99	-65.904	22.469	64.7
18	17.01	-65.904	22.673	81.745
19	18	-65.904	22.673	64.7
20	18.99	-47.726	22.673	64.7
21	20.01	-47.524	22.673	81.718
22	21	-47.524	22.673	64.7
23	21.99	-26.398	22.673	64.7
24	23.01	-26.185	22.673	81.723
25	24	-26.185	22.673	64.7
26	24.99	-26.185	41.582	64.7
27	26.01	-26.185	41.773	81.723
28	27	-26.185	41.773	64.7
29	27.99	-47.31	41.773	64.7
30	29.01	-47.524	41.773	81.718
31	30	-47.524	41.773	64.69
32	30.99	-65.72	41.773	64.69
33	32.01	-65.245	41.355	81.076
34	33		0	0
35				

图 4-43　检测机检测路径三轴位置

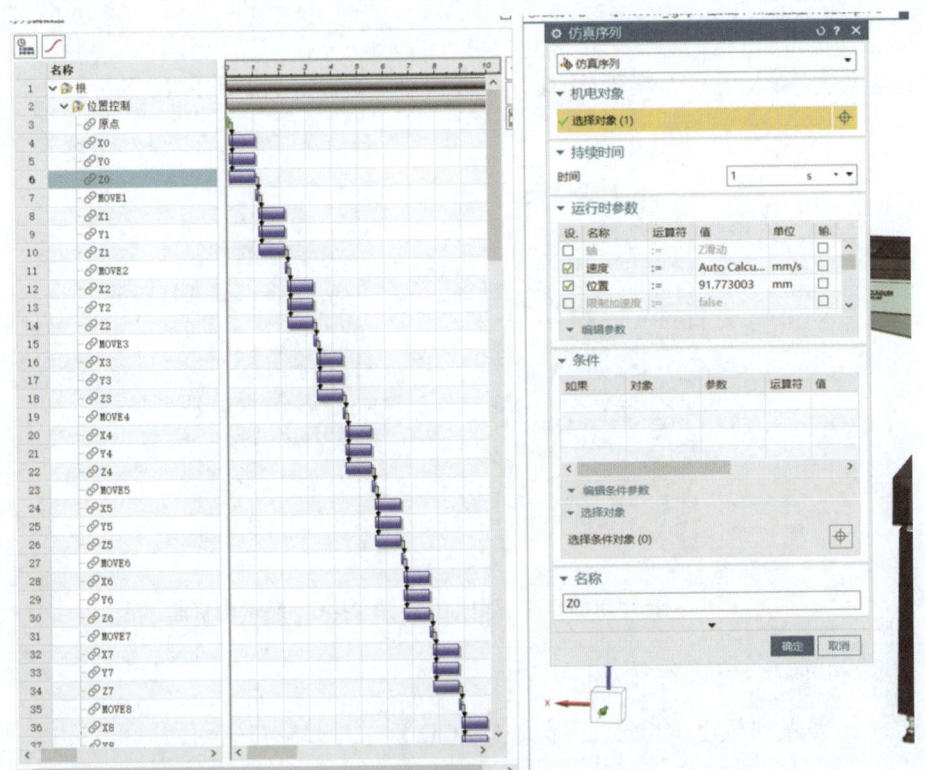

图 4-44 整体仿真序列

4.3.6 练习

1）在 NX MCD 中导入三坐标检测机,并分析其运动机构,为其添加刚体、碰撞体、运动副等机械运动属性。

2）为 X、Y、Z 三个轴分别添加驱动对象,使其能根据速度、位置等参数运动到指定的位置。

3）创建仿真序列,控制三坐标检测机的检测头到达一个指定的位置。

任务 4.4　电极料架在 MCD 的数字化模型

4.4.1　模型导入

1. 电极料架导入（模型路径 :\单元虚拟调试资源包\单元模型\原始模型\电极料架 .igs）

同 4.2.1 小节的方式一样导入 igs 格式的电极料架模型,并导入一个电极座零件,便于后面做仓储,如图 4-45 所示。

2. 电极座导入

将电极座导入至电极料架模型中并进行装配阵列,如图4-46所示。

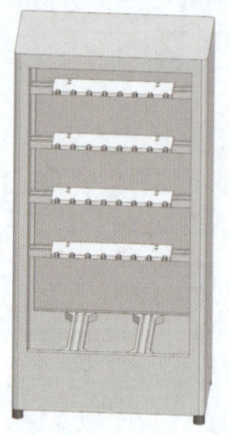 

图4-45　电极料架模型　　图4-46　装配电极座

3. 进入机电概念设计板块

同理,进入到机电概念设计板块(MCD),如图4-47所示。

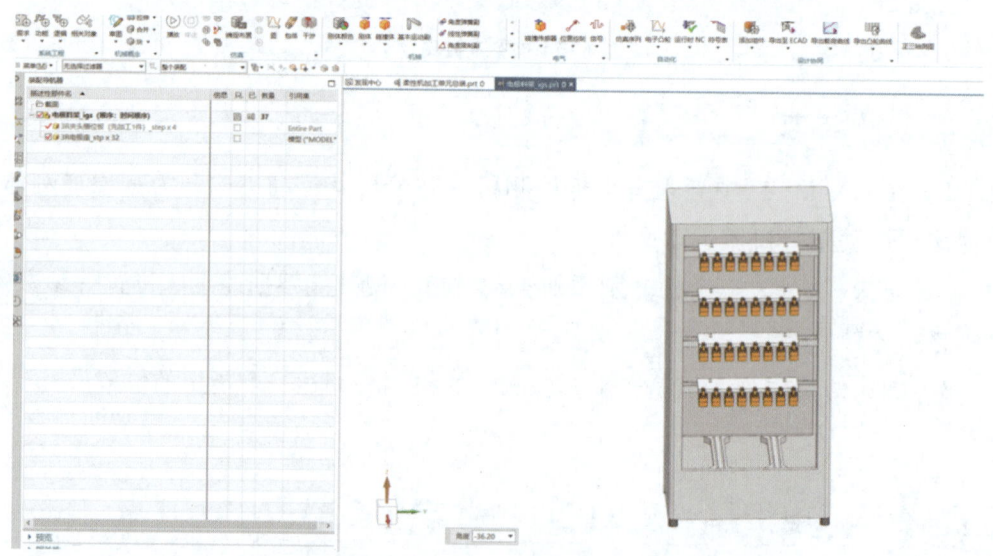

图4-47　进入机电概念设计板块

4.4.2　电极料架刚体属性定义

将电极座设置为刚体,这样在仿真中电极座就有了物理属性,能在重力的作用下往下掉,如图4-48所示。

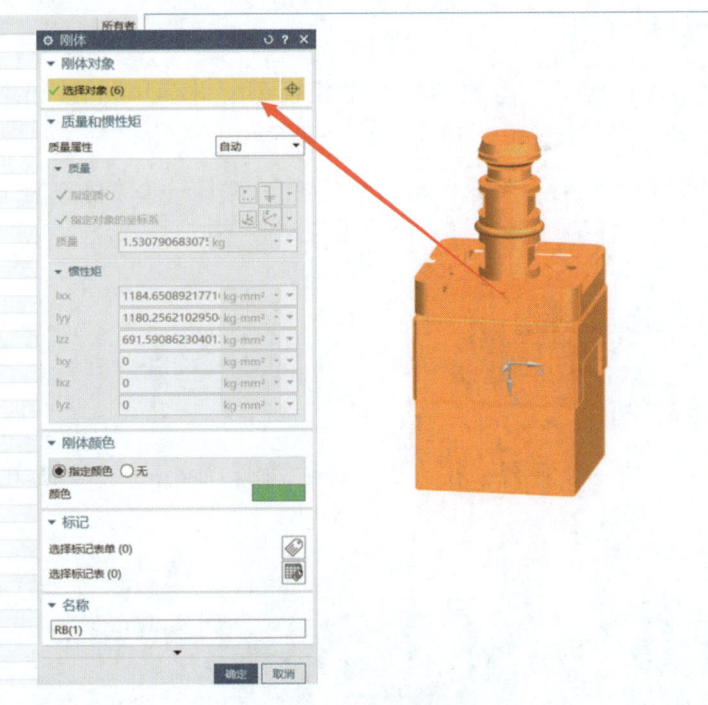

图 4-48　定义电极座刚体

4.4.3　固定电极座

将电极座固定到电极料架上,需要通过胶合区命令实现。胶合区范围与电极料架差不多大小,如图 4-49 所示。

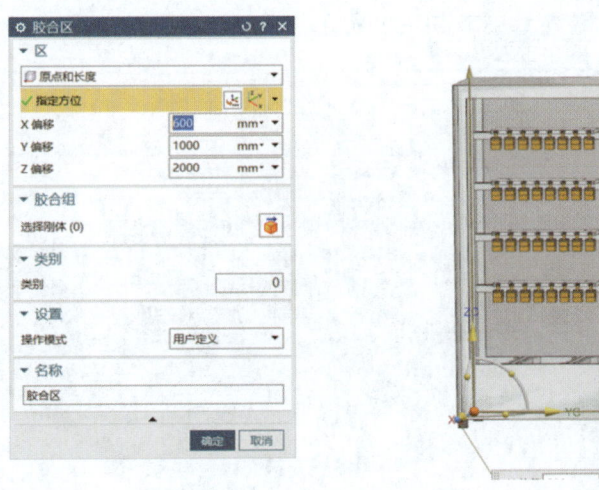

图 4-49　胶合区定义

4.4.4 练习

1）在 NX MCD 中导入电机料架和电机模型,并为电机定义刚体、碰撞体属性。

2）使用"胶合区"命令将这些电机固定在料架上,播放仿真时不掉落。

任务 4.5　创建总装配

4.5.1 绘制地板

在装配体中拉伸一个平台,长度为 10m,宽度为 6m,厚度为 0.02m,作为装配体的地板,如图 4-50 所示。

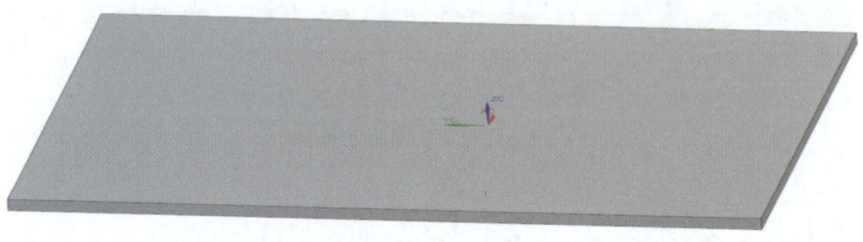

图 4-50　绘制地板

4.5.2 添加组件

在装配模块中添加组件,将电极料架、机器人、机床、检测机导入进总装工作站并移动到合适位置,如图 4-51 所示。

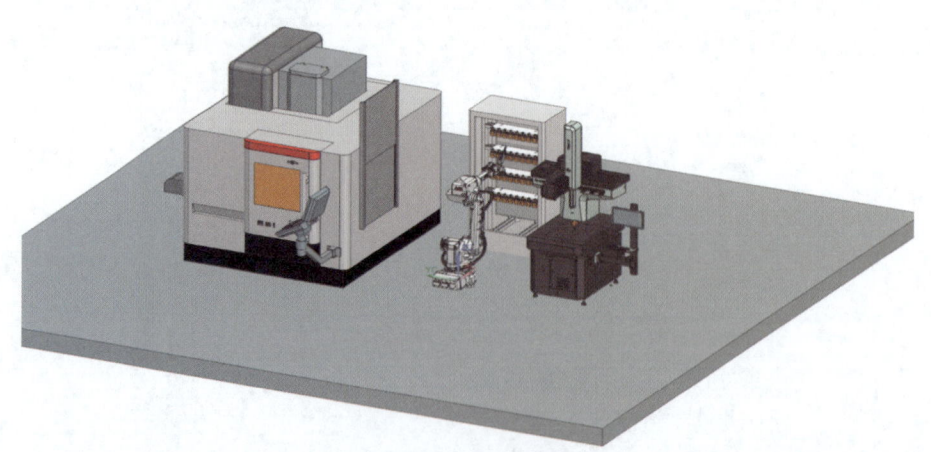

图 4-51　添加组件

4.5.3 进入 MCD 模块

进入 MCD 模块，检查机电对象、运动副有没有缺失，等待接入外部信号，如图 4-52 所示。

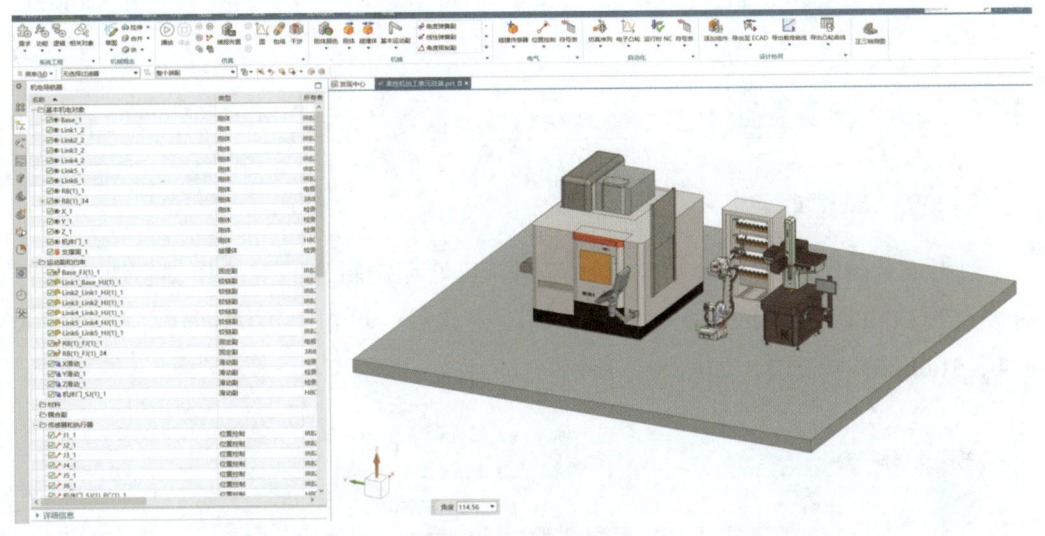

图 4-52　MCD 模块

项目 5　RobotStudio 机器人路径规划

任务 5.1　基本组态

5.1.1　新建项目

打开 RobotStudio 6.08 软件，在左侧新建处点击新建"空工作站解决方案"，右侧可更改项目名称以及保存位置，更改完成后，单击下方"创建"按钮进入 RobotStudio 基本视图，如图 5-1 所示。

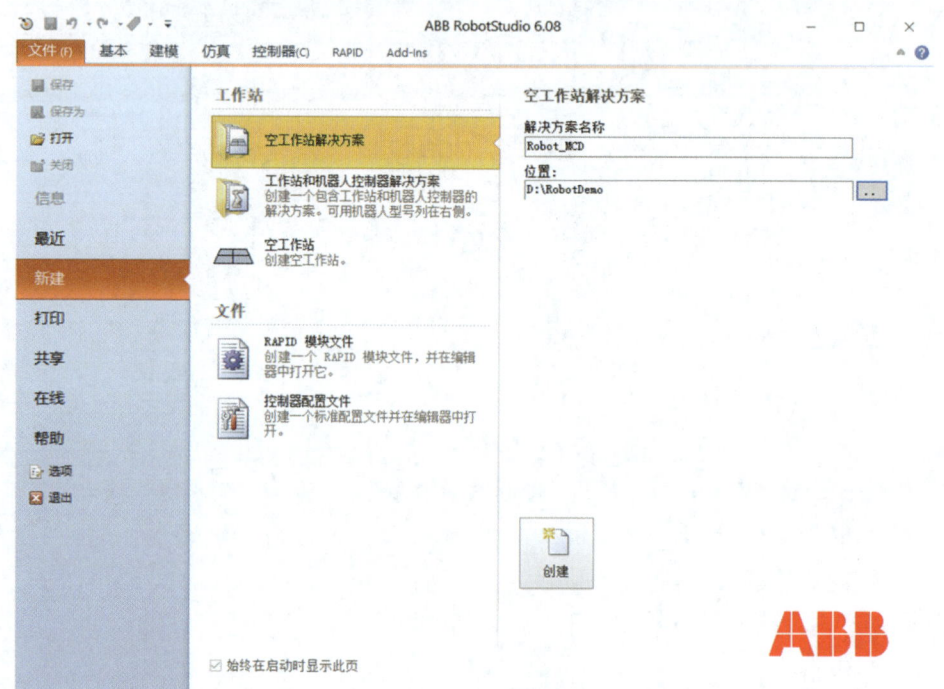

图 5-1　新建项目

5.1.2　添加机器人

在基本菜单栏下的 ABB 模型库中导入该单元所用的 IRB 2600 机器人，如图 5-2 所示。

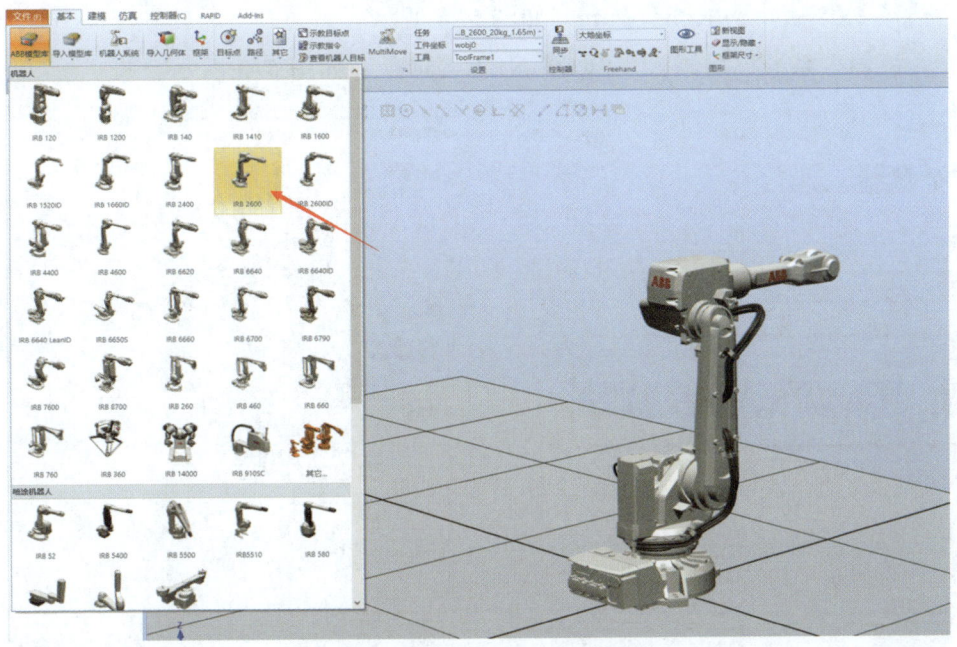

图 5-2　导入机器人模型

5.1.3　添加系统

在"基本"菜单栏下的"机器人系统"中创建系统，选择"从布局创建系统"的方式，如图 5-3 所示。

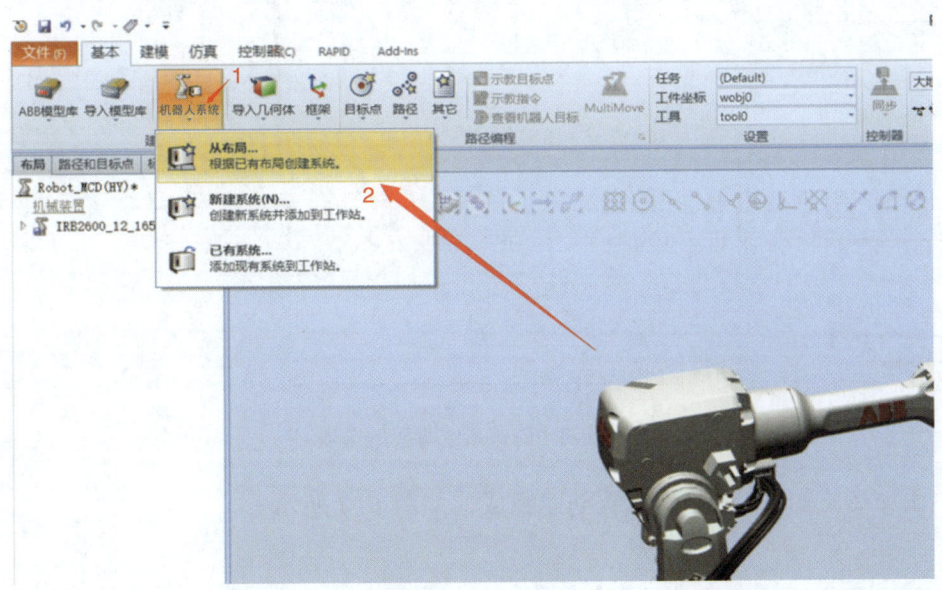

图 5-3　创建系统

选择 6.08 版本的 RobotWare，如图 5-4 所示。

为机器人系统添加语言、PROFINET 等选项，如图 5-5 所示。

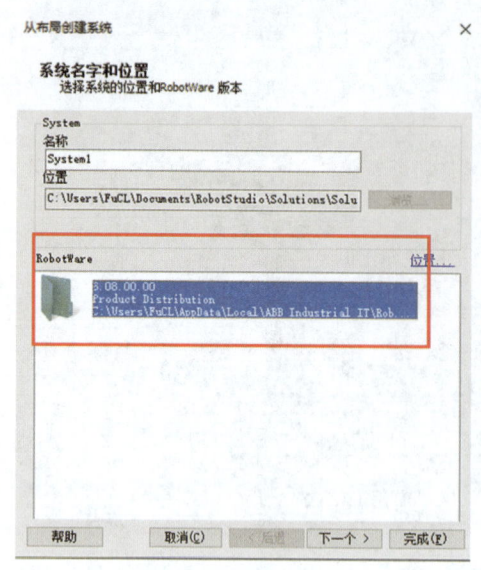

图 5-4 选择版本

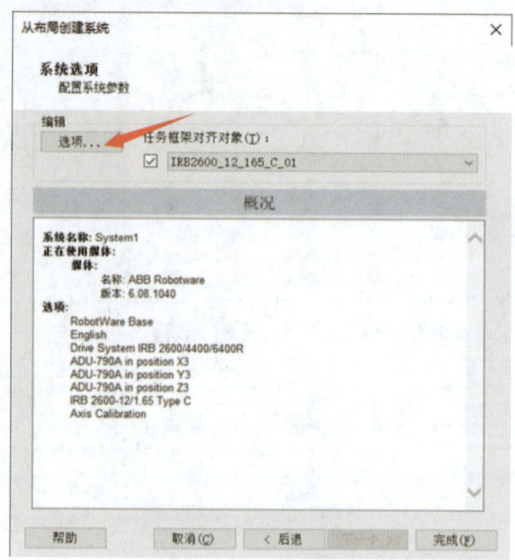

图 5-5 添加选项

添加完成后，勾选系统需要的选项，如图 5-6 所示。

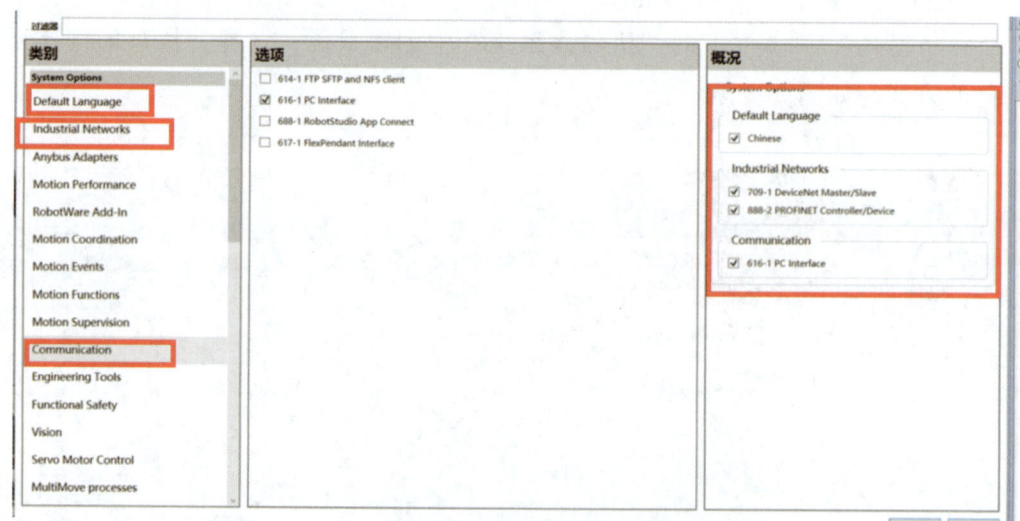

图 5-6 勾选系统需要的选项

添加后点击"完成"，系统创建完成，如图 5-7 所示。

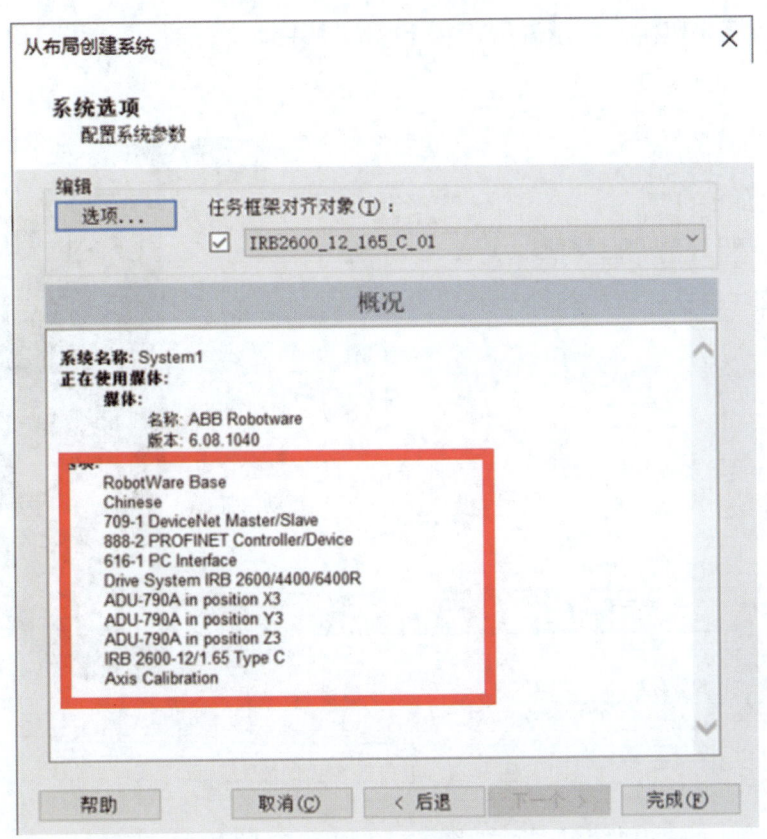

图 5-7 添加完成

5.1.4 示教器简单操作

在"控制器"菜单栏下点击"示教器",选择"虚拟示教器"即可打开虚拟的 Robot 示教器,如图 5-8 所示。

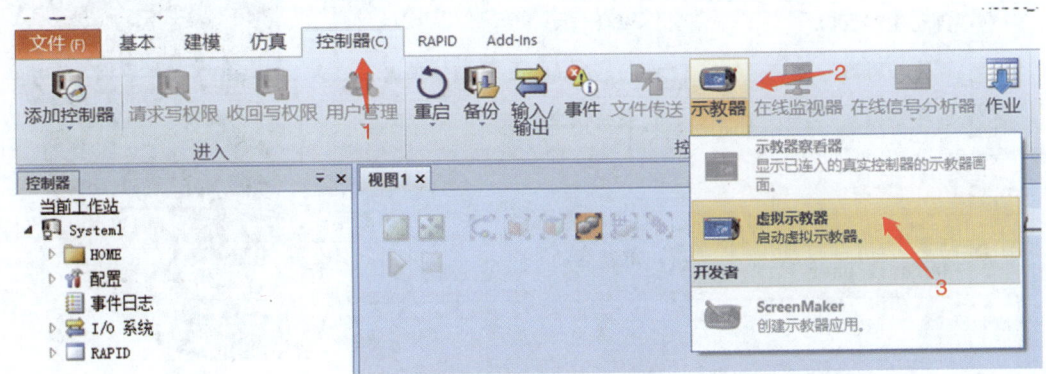

图 5-8 启动虚拟示教器

手自动模式切换：在示教器面板上，包含手动、自动、手动全速以及电机使能的按钮，如图 5-9 所示。

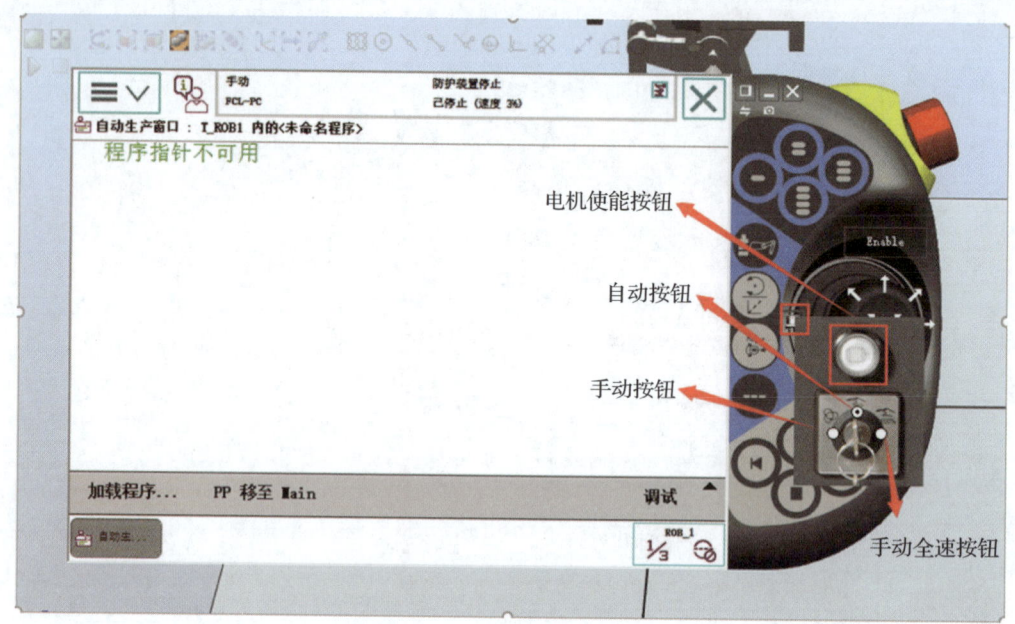

图 5-9　手自动模式切换

进入控制面板和系统配置，如图 5-10 和图 5-11 所示。

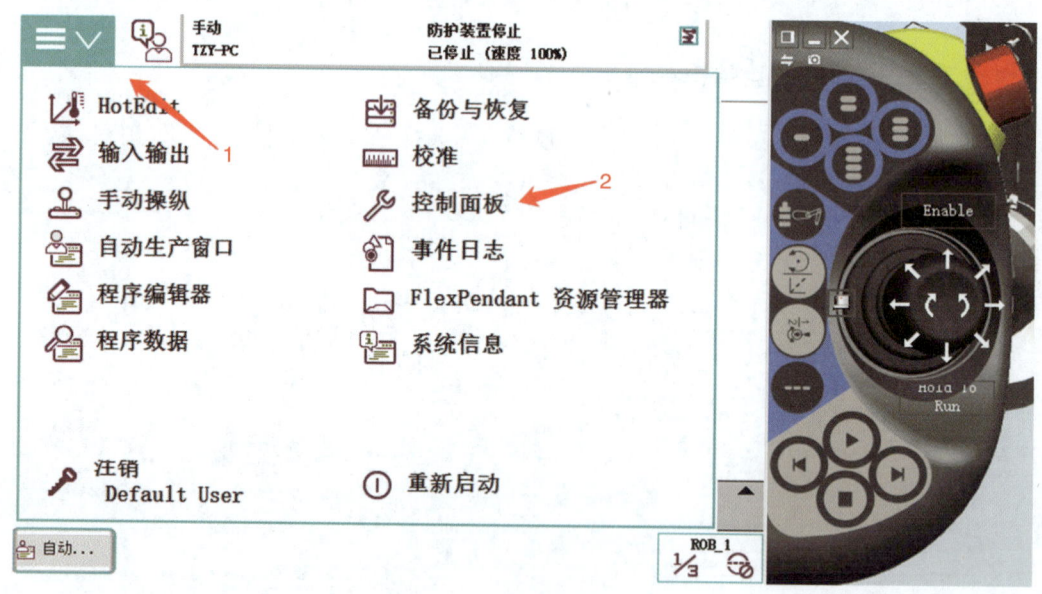

图 5-10　进入控制面板

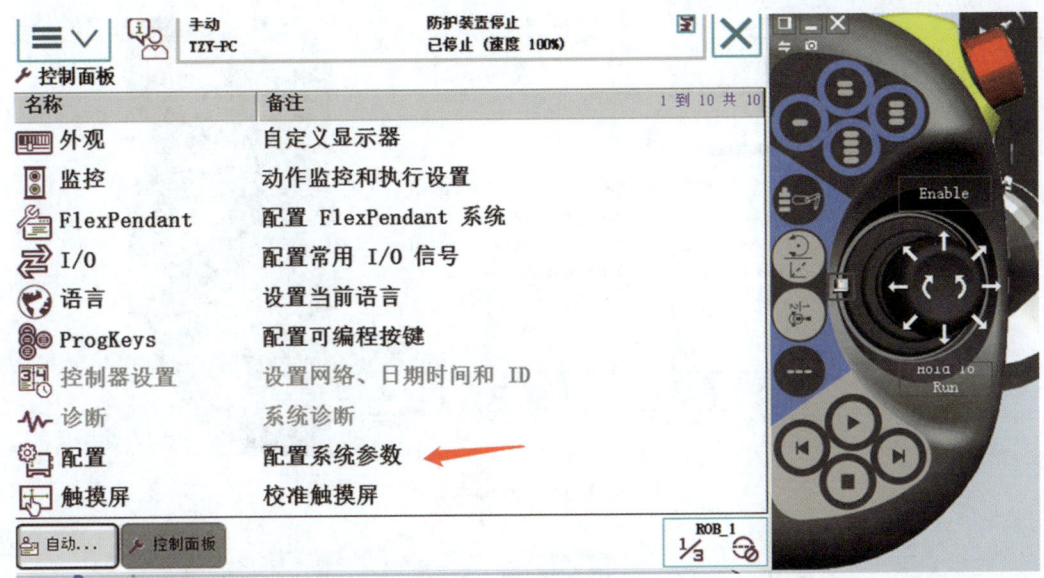

图 5-11 进入系统配置

5.1.5 练习

1）打开 RobotStudio，创建一个机器人项目，并添加一个 IRB2600 型机器人本体。

2）为 IRB2600 型机器人创建系统，启动虚拟示教器，使用虚拟示教器控制机器人进行线性、单轴、重定位等运动。

任务 5.2　信号创建及交互

5.2.1　添加 I/O 板卡

因为在机器人上有夹具需要控制，所以创建 I/O 板卡添加 I/O 信号控制夹具的动作。在控制面板—系统配置中选择 DeviceNet Device，如图 5-12 所示。

点击"添加"，如图 5-13 所示。

在模板处选择"DSQC 652 24 VDC I/O Device"模板，如图 5-14 所示。

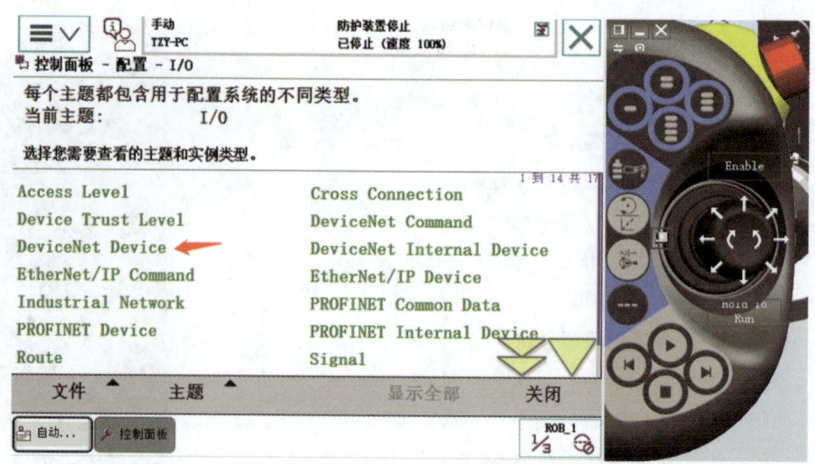

图 5-12 系统配置

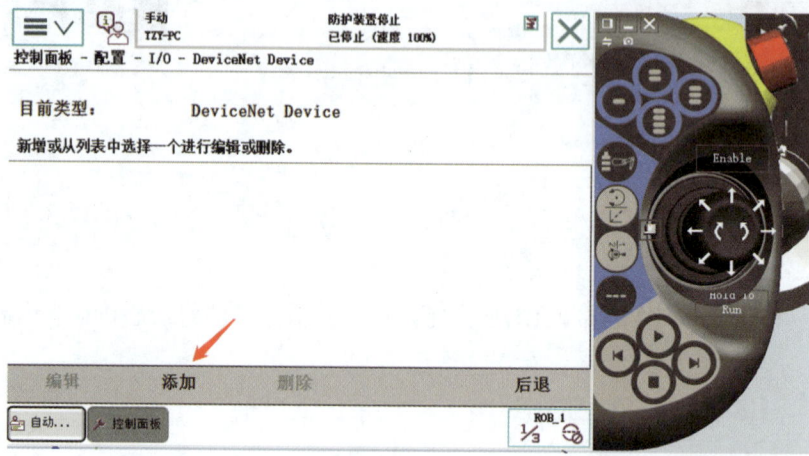

图 5-13 点击"添加"

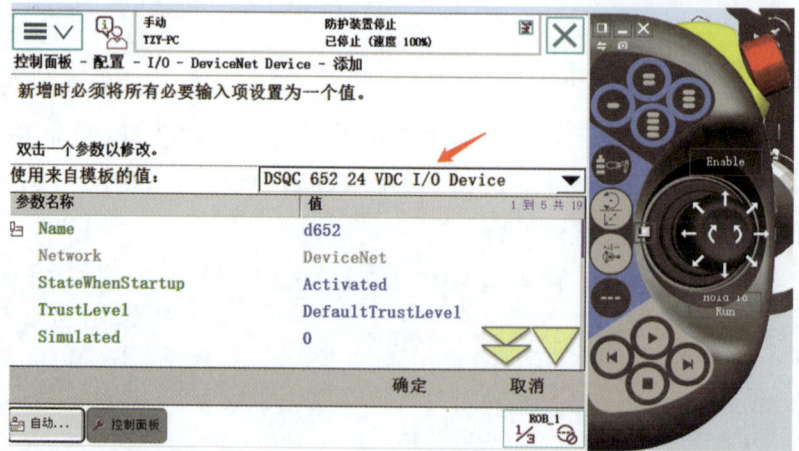

图 5-14 选择模板

更改板卡地址，完成后点击"确定"，如图 5-15 所示。

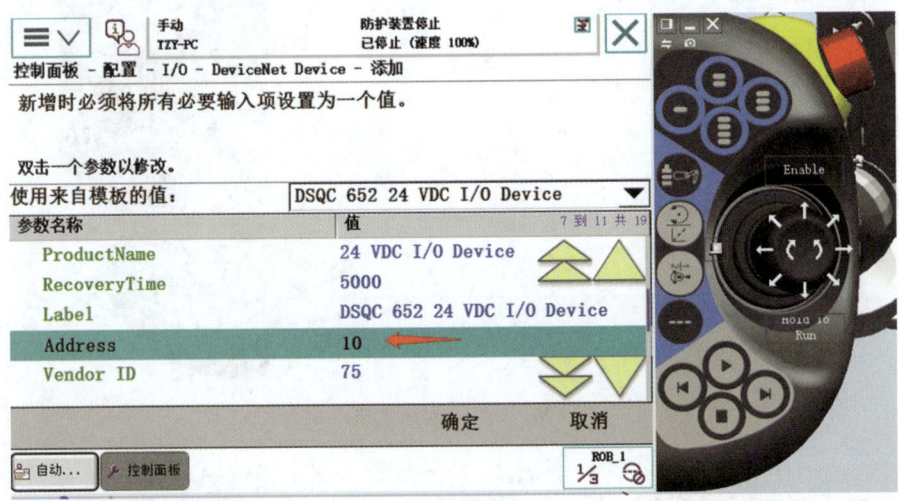

图 5-15　修改地址

5.2.2　添加 I/O 信号

在系统配置的 I/O 主题中找到 Signal 配置，如图 5-16 所示。

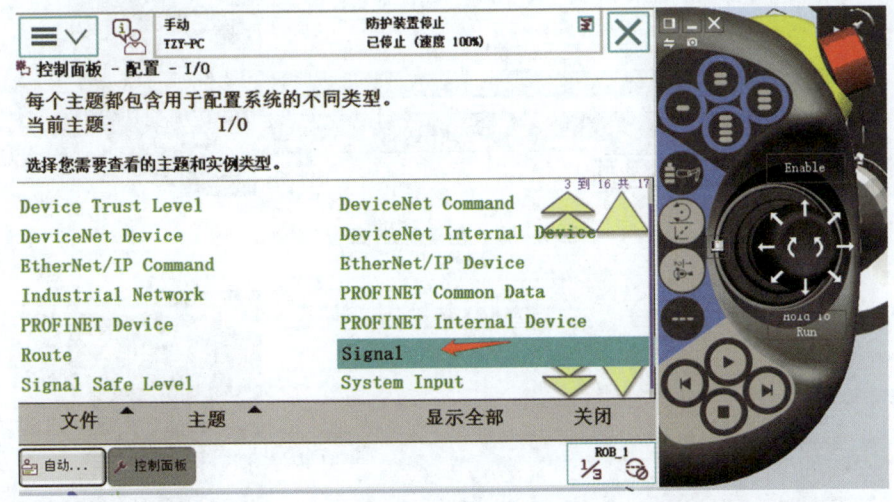

图 5-16　Signal 配置

点击"添加"，如图 5-17 所示。

修改变量名和变量类型，选择新添加的 I/O 板卡，最后给变量分配一个没有用过的地址，机器人夹爪的动作信号为数字输出信号，如图 5-18 所示。同时，还需要创建夹爪的反馈信号为数字输入信号，如图 5-19 所示。

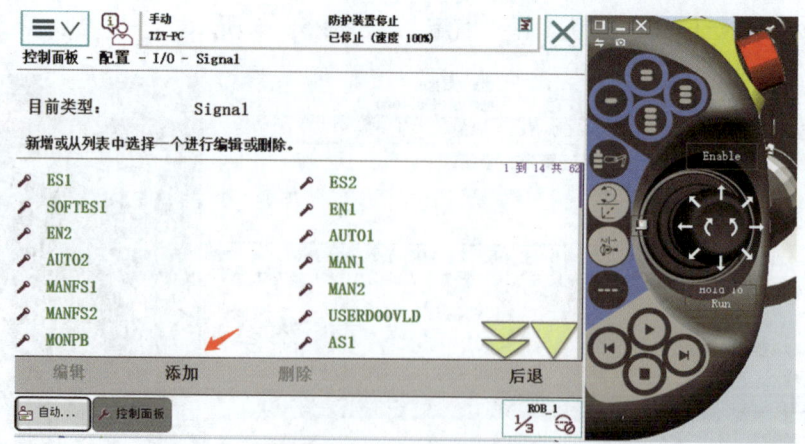

图 5-17　添加信号

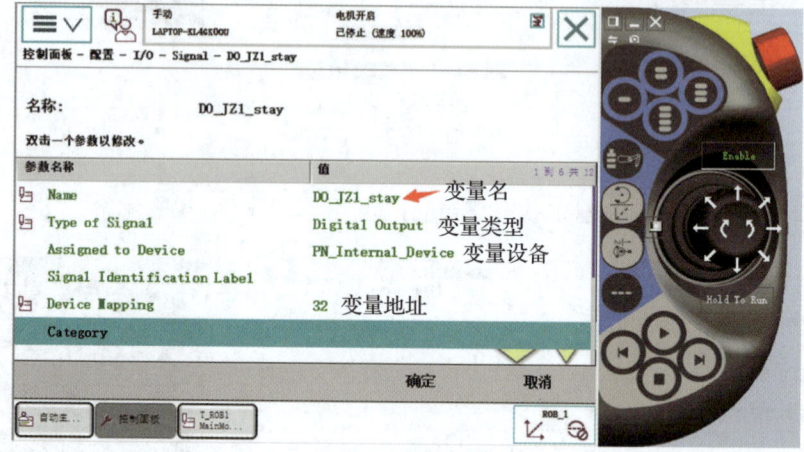

图 5-18　创建输出信号

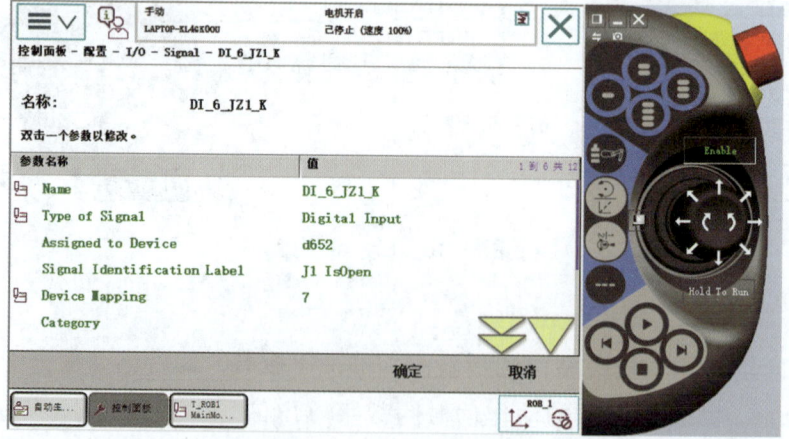

图 5-19　创建输入信号

5.2.3 PROFINET 网络设置

在系统配置中，在 Industrial NetWork 下点击"PROFINET"，如图 5-20 所示。

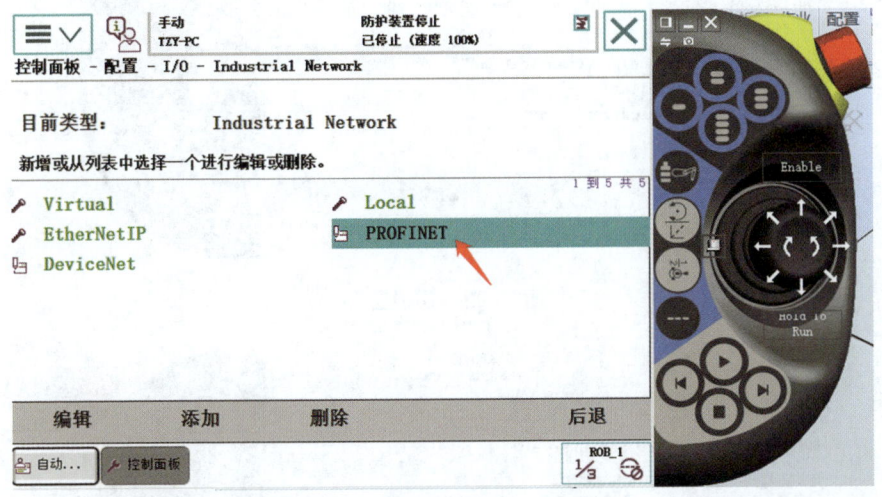

图 5-20 设置 PROFINET 网络

修改名称，如图 5-21 所示。

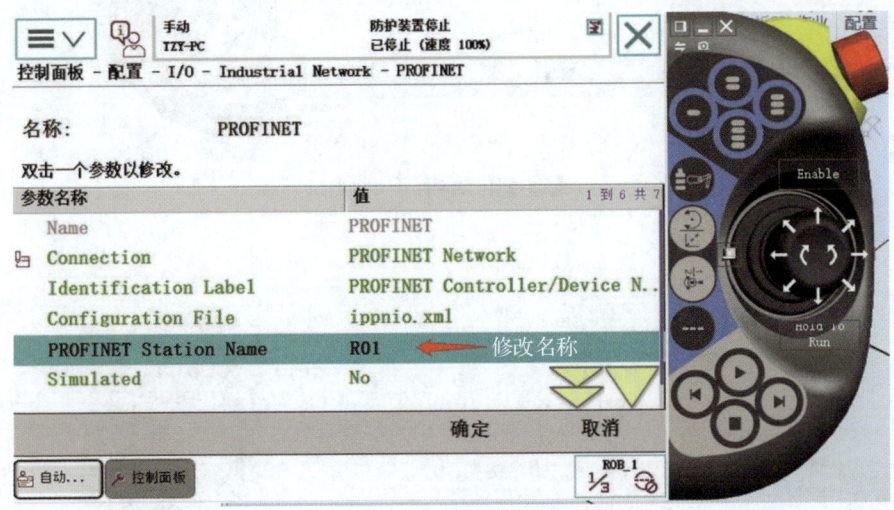

图 5-21 修改名称

完成后点击"确定"按钮，返回到配置中，将主题切换为"Communication"，如图 5-22 所示，然后点击"IP Setting"，为新建的 PROFINET 网络编辑 IP 地址，如图 5-23 所示。

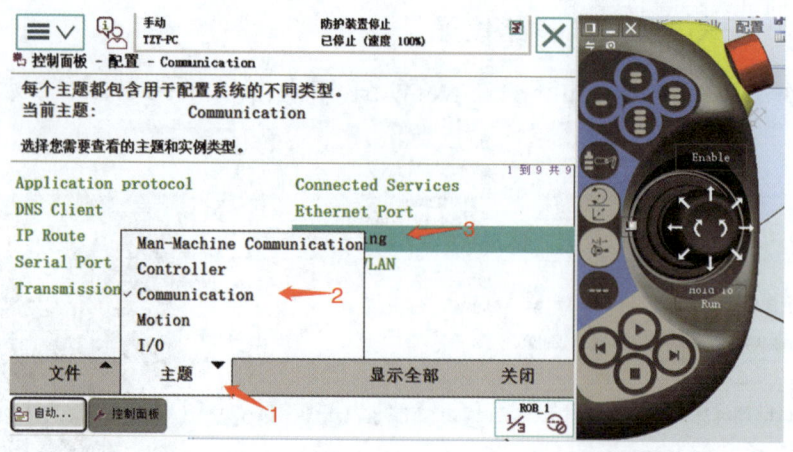

图 5-22 切换主题

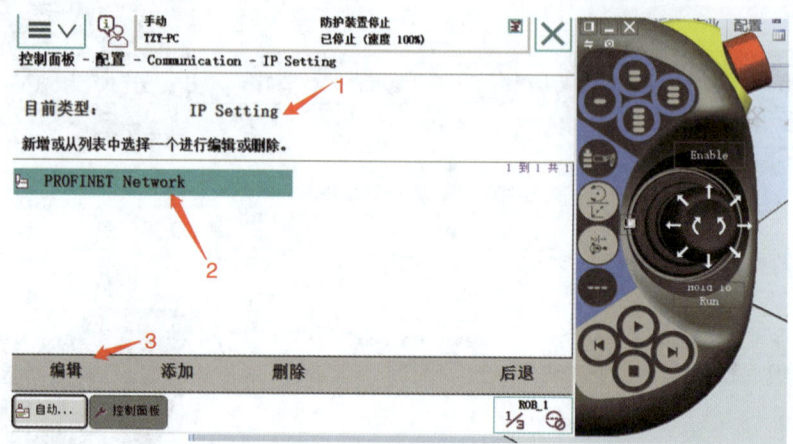

图 5-23 编辑 IP 地址

更改 IP 地址，如图 5-24 所示。

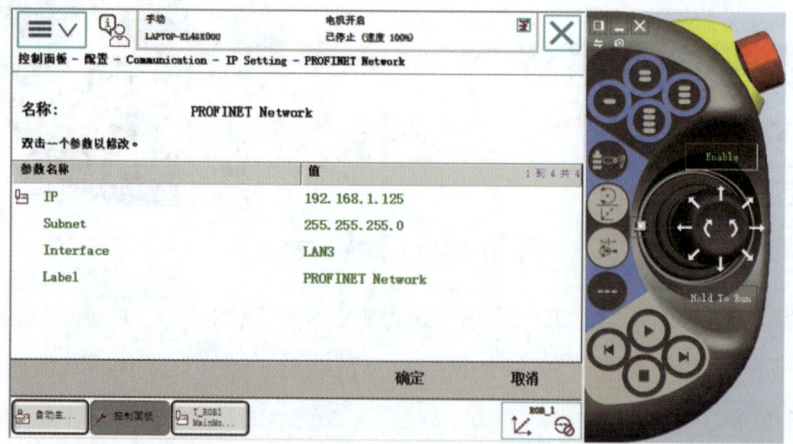

图 5-24 更改 IP 地址

添加 PROFINET 网络如图 5-25 所示。将主题切换回 I/O，如图 5-26 所示。找到 PROFINET Internal Device，设置通信字节数如图 5-27 所示。

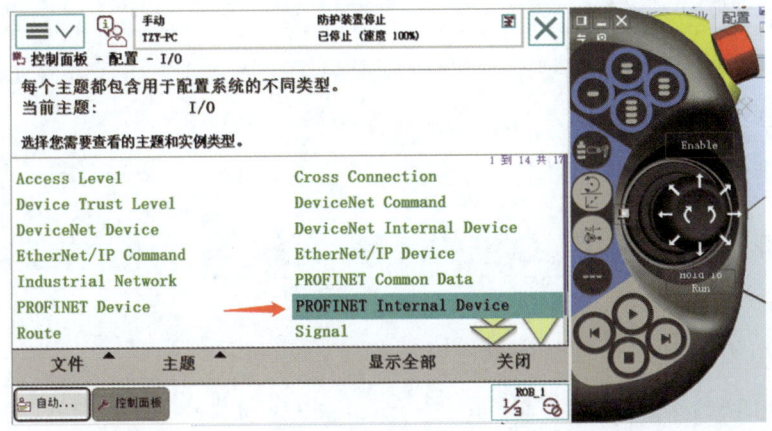

图 5-25　添加网络

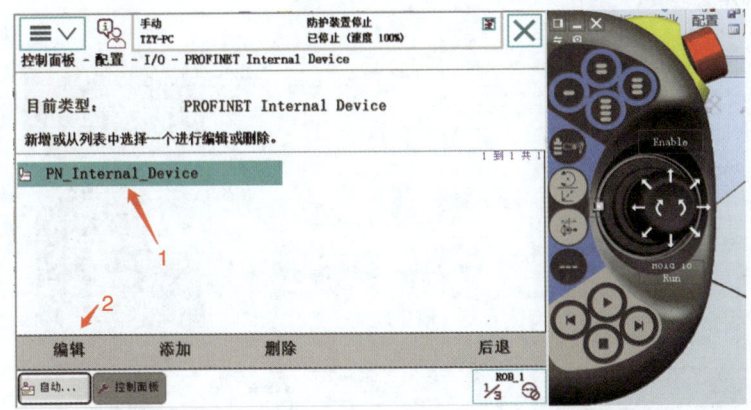

图 5-26　切换主题

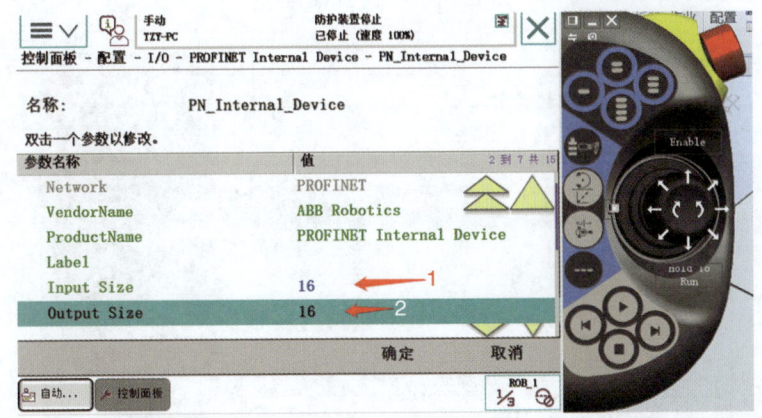

图 5-27　设置通信字节数

5.2.4 练习

1）基于 5.2.3 小节创建的 RobotStudio 项目，在虚拟示教器中添加一个 I/O 板卡和一个 I/O 信号。

2）配置 PROFINET 网络，将 IP 设置为 192.168.1.125，并在 PROFINET Internal Device 中设置输入和输出的通信字节数都为 16。

任务 5.3　添加与 PLC 通信信号

5.3.1　添加信号

回到 Signal 处，点击"添加信号"，信号设备选择 PROFINET 类型，如图 5-28 所示，分别创建需要的输入与输出信号，创建信号时，需要将访问级别改成 All，如图 5-29、图 5-30 所示。

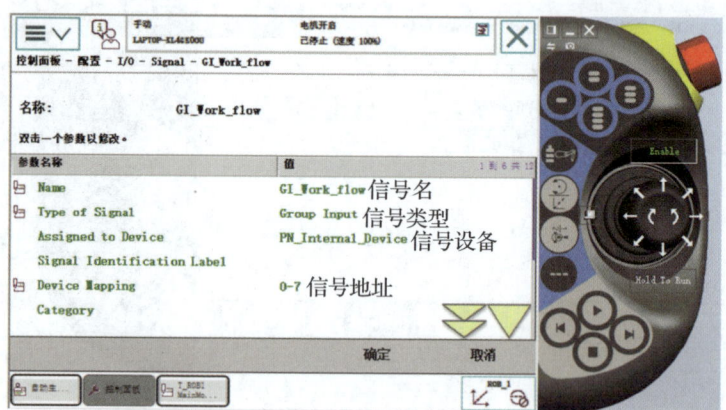

图 5-28　添加信号

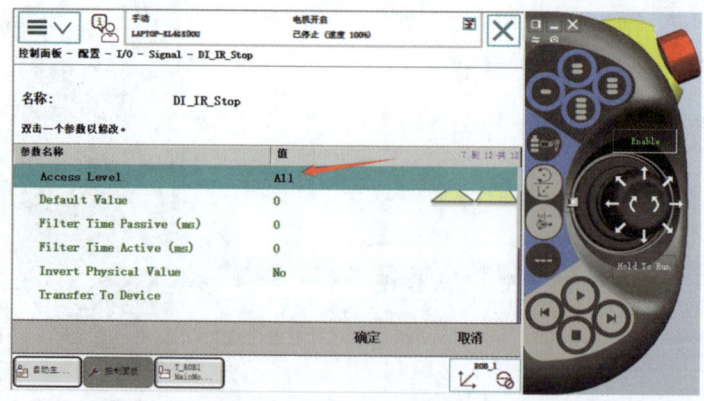

图 5-29　创建输入信号

图 5-30　创建输出信号

与 PLC 需要用到的信号如图 5-31 所示。

Name	Type of Signal	Assigned to Device	Signal Identification Label	Device Mapping	Category	Access Level	Default Value
DI_IR_Stop	Digital Input	PN_Internal_Device		25		All	0
GO_IR_Test_JJstay	Group Output	PN_Internal_Device		24-31		All	0
GO_IR_stay	Group Output	PN_Internal_Device		0-7		All	0
GO_IR_run	Group Output	PN_Internal_Device		16-23		All	0
GO_IR_connet	Group Output	PN_Internal_Device		8-15		All	0
DI_Test_Workstay	Digital Input	PN_Internal_Device		32		All	0
DO_JZ1_stay	Digital Output	PN_Internal_Device		32		All	0
DI_IR_connect	Digital Input	PN_Internal_Device		24		All	0
GI_Work_flow	Group Input	PN_Internal_Device		0-7		All	0
DO_JZ2_stay	Digital Output	PN_Internal_Device		33		All	0
GI_CK_getp_VL	Group Input	PN_Internal_Device		8-15		All	0
GI_CK_putp_HG	Group Input	PN_Internal_Device		16-23		All	0

图 5-31　信号表

5.3.2　输入信号与系统信号关联

因为有些信号需要通过 PLC 控制（如：电机使能、启动等），所以将信号与系统内置信号进行关联，实现 PLC 控制。在配置中选择 System Input，如图 5-32 所示，点击"添加"如图 5-33 所示。选择"信号互相关联"如图 5-34 所示。

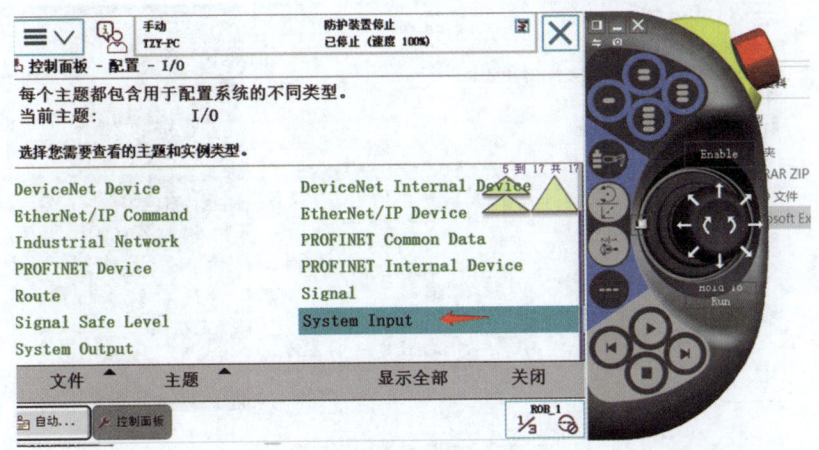

图 5-32　选择 System Input

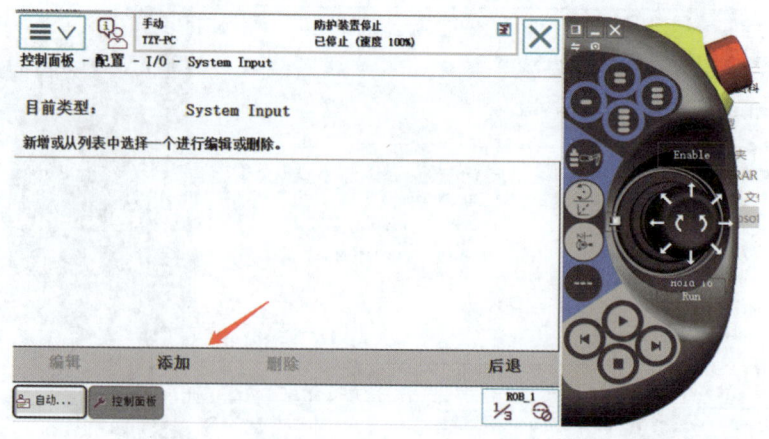

图 5-33 点击"添加"

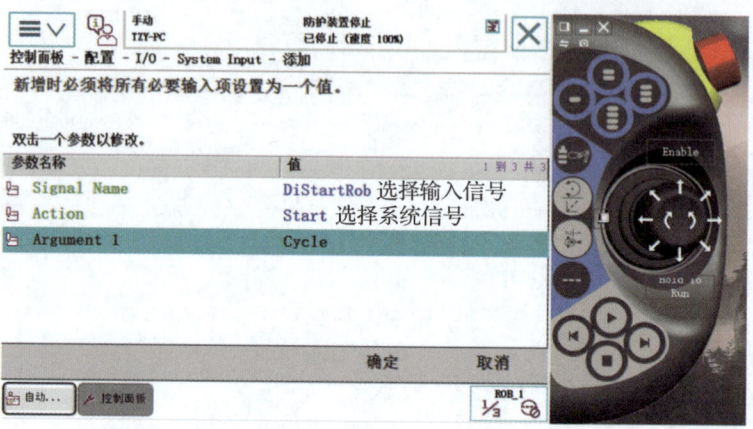

图 5-34 选择"信号互相关联"

同理，输出关联方式一致，选择 System Output，如图 5-35~图 5-37 所示。

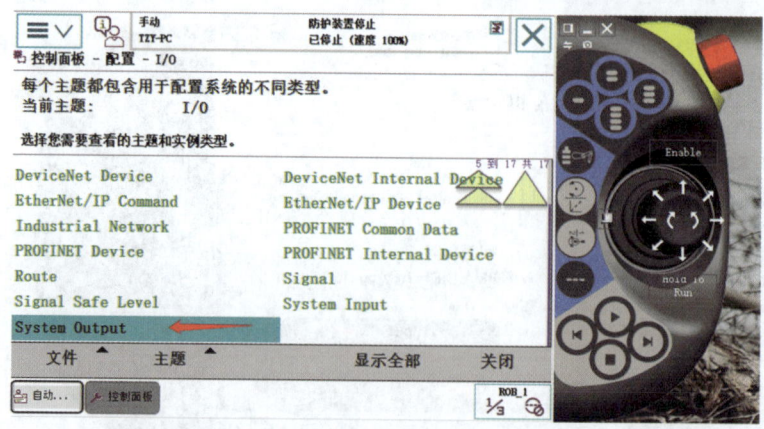

图 5-35 选择 System Output

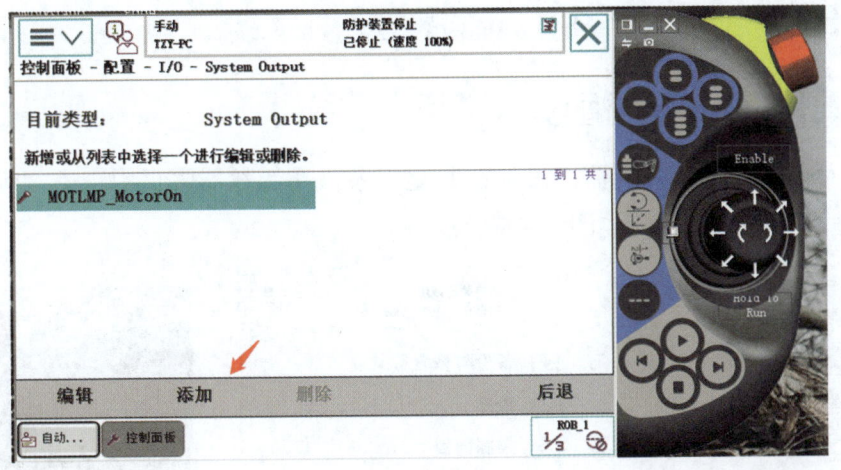

图 5-36　添加信号

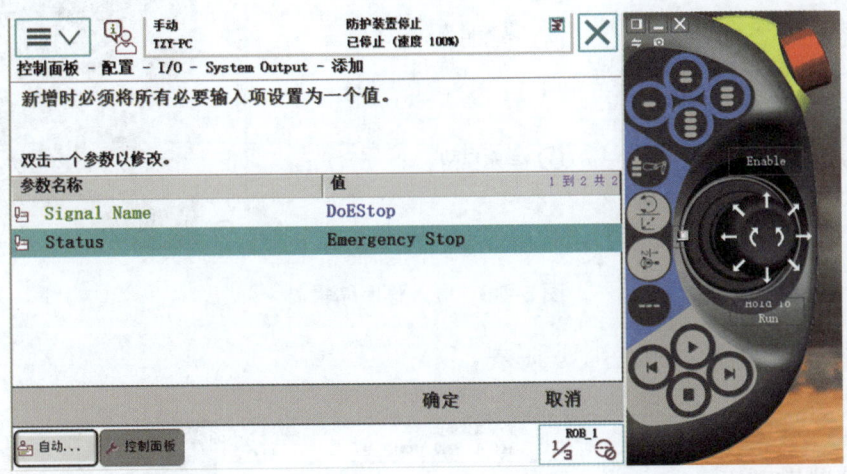

图 5-37　信号互相关联

5.3.3　练习

1）基于 5.3.2 小节内容，在虚拟示教器中添加关联外部 PLC 与内部系统变量的关联信号；需要添加的信号列表如下：

Name	Type of Signal	Assigned to Device	Signal Identification Label	Device Mapping	Category	Access Level	Default Value
DI_IR_Stop	Digital Input	PN_Internal_Device		25		All	0
GO_IR_Test_JJstay	Group Output	PN_Internal_Device		24-31		All	0
GO_IR_stay	Group Output	PN_Internal_Device		0-7		All	0
GO_IR_run	Group Output	PN_Internal_Device		16-23		All	0
GO_IR_connet	Group Output	PN_Internal_Device		8-15		All	0
DI_Test_Workstay	Digital Input	PN_Internal_Device		32		All	0
DO_JZ1_stay	Digital Output	PN_Internal_Device		32		All	0
DI_IR_connect	Digital Input	PN_Internal_Device		24		All	0
GI_Work_flow	Group Input	PN_Internal_Device		0-7		All	0
DO_JZ2_stay	Digital Output	PN_Internal_Device		33		All	0
GI_CK_getp_YL	Group Input	PN_Internal_Device		8-15		All	0
GI_CK_putp_HG	Group Input	PN_Internal_Device		16-23		All	0

2）将添加的这些信号与虚拟示教器内部系统变量相关联。

任务 5.4　在示教器中添加程序

5.4.1　添加初始化程序

进入程序编辑器为机器人添加初始化程序，在示教器主页中点击"程序编辑器"，进入程序的编写，如图 5-38 所示。

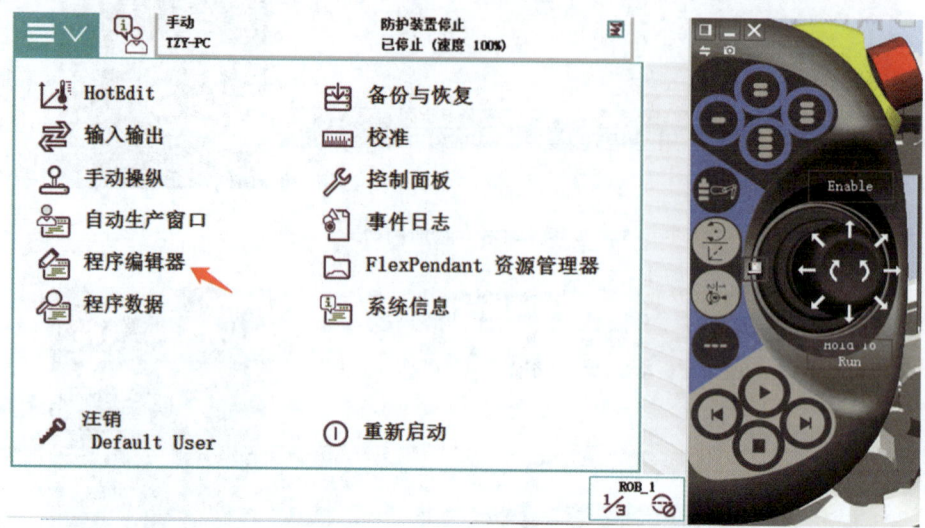

图 5-38　进入程序编辑器

新建例行程序，如图 5-39 所示。

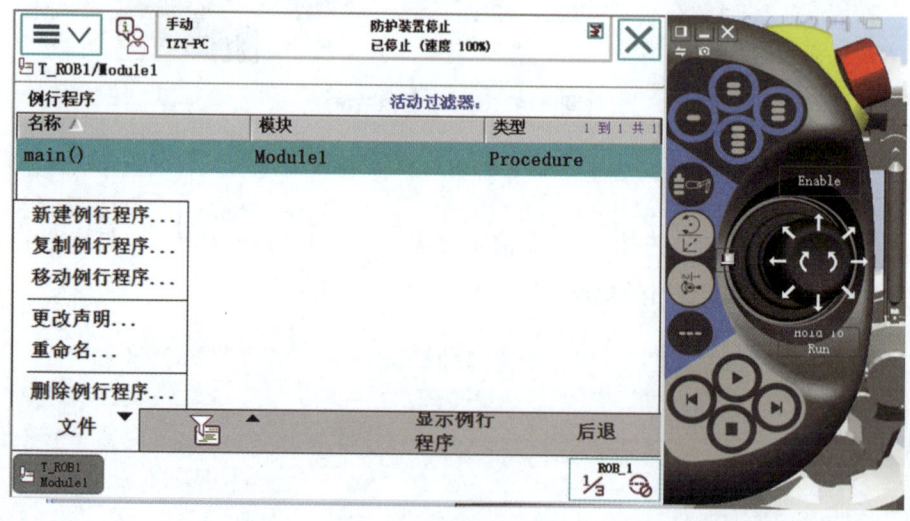

图 5-39　新建例行程序

更改名字为初始化程序，将例行程序放置 Module 1 模块下，如图 5-40 所示。

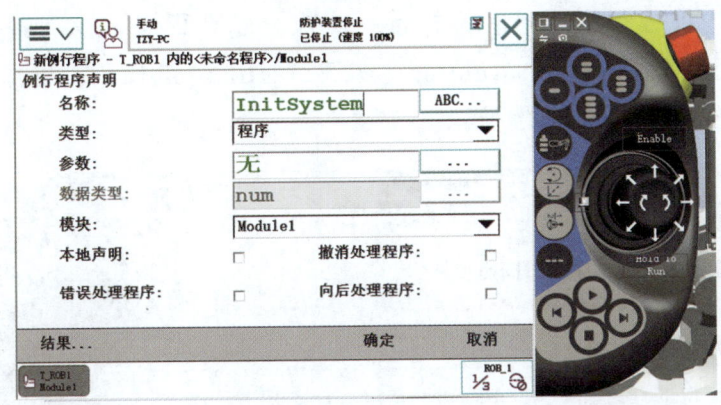

图 5-40　更改程序名

在程序中添加指令，在执行初始化时将夹具打开且所有信号复位，如图 5-41 和图 5-42 所示。

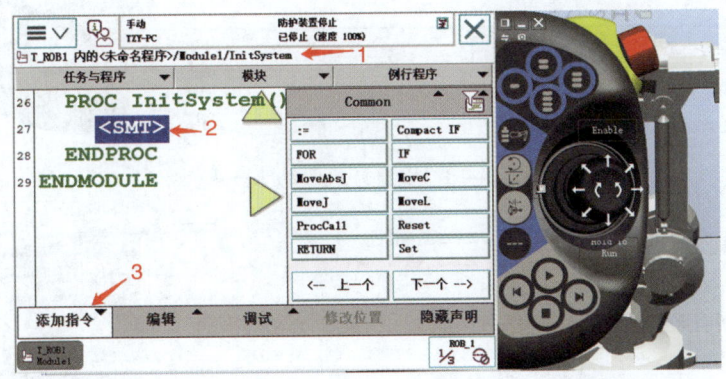

图 5-41　添加指令

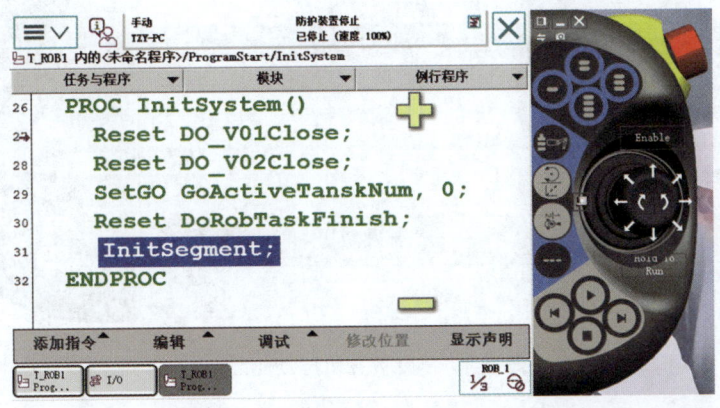

图 5-42　复位气缸信号以及程序号

5.4.2 设置开机启动项

在配置中设置每次开机时都执行一次检查原点程序，在配置中主题选择"Controller"，选择"Event Routine"实例，如图 5-43 所示。选择开机时执行 CheckWorldZone，如图 5-44 所示。

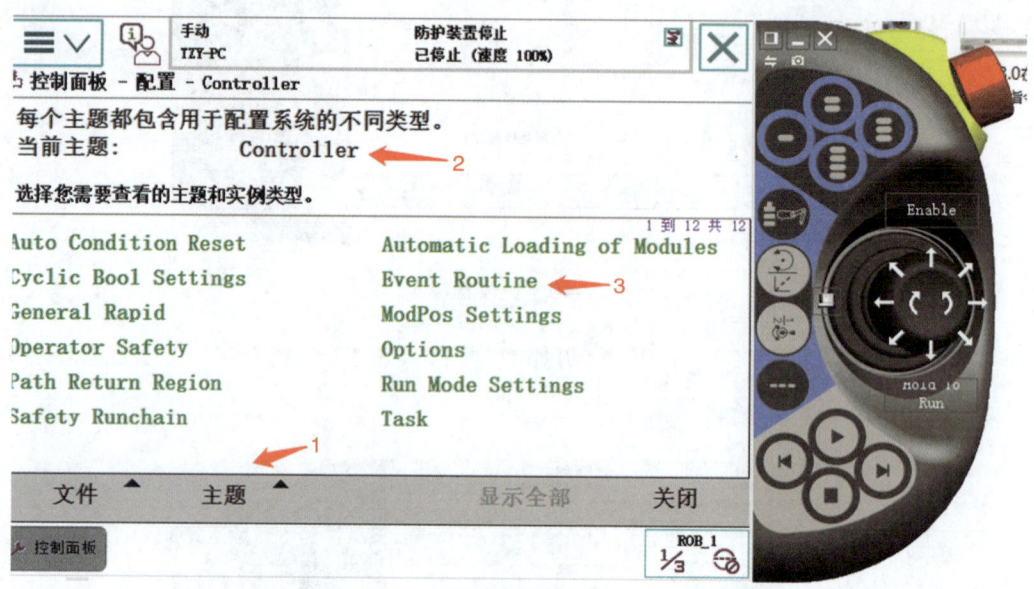

图 5-43 设置开机启动（一）

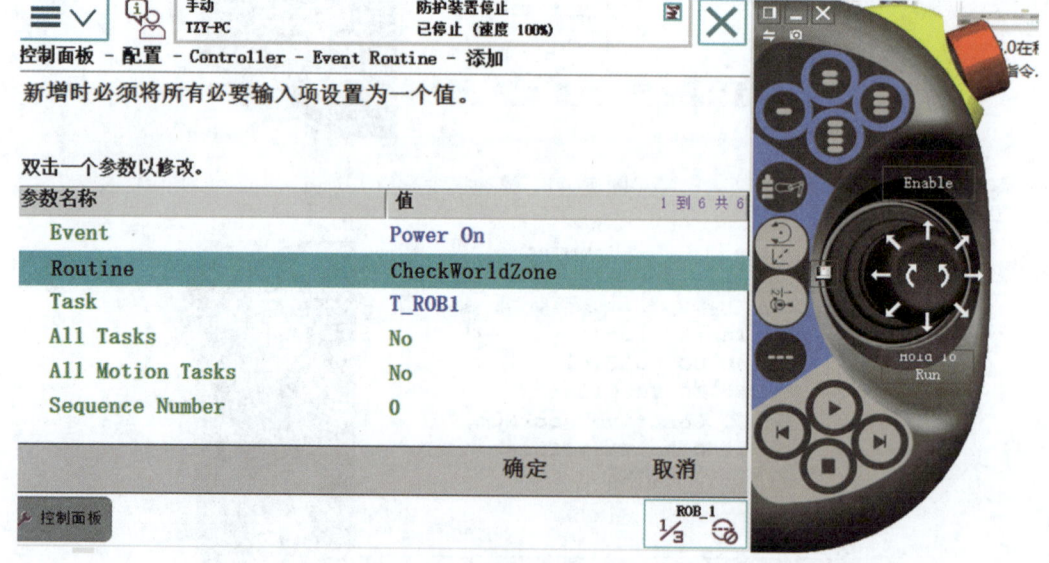

图 5-44 设置开机启动（二）

5.4.3 导入标准区域块程序模块

在程序编辑器中点击"加载模块",如图 5-45 所示。

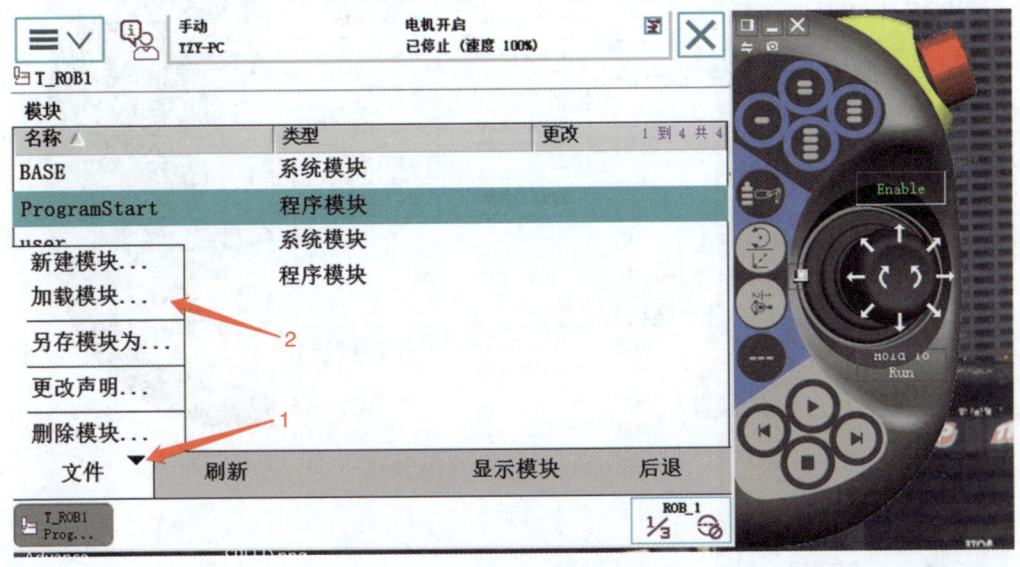

图 5-45 加载模块

找到需要添加的程序模块"SegmentControl.sys"文件,如图 5-46 所示。在该模块中创建控制程序,如图 5-47 所示。

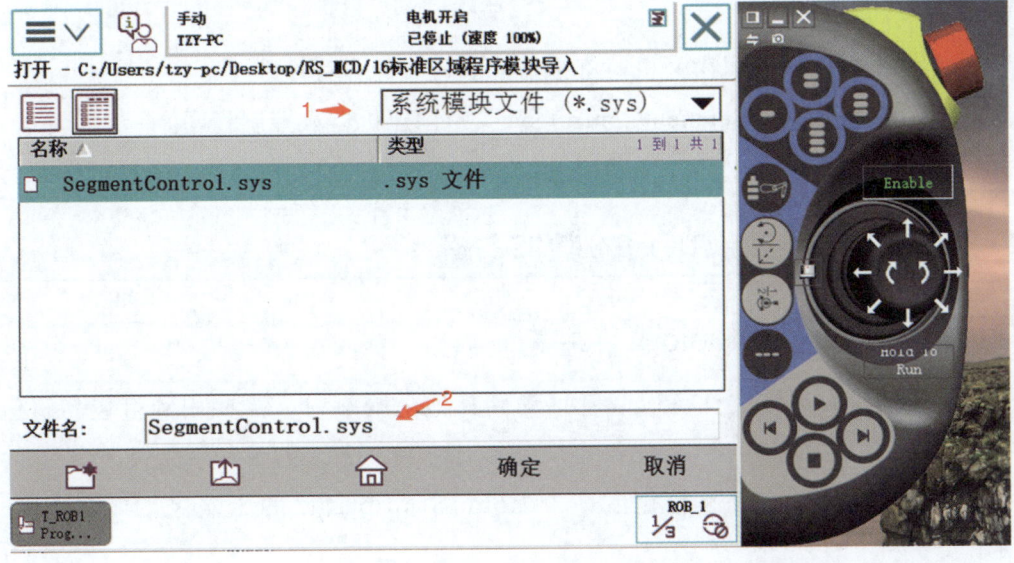

图 5-46 导入模块

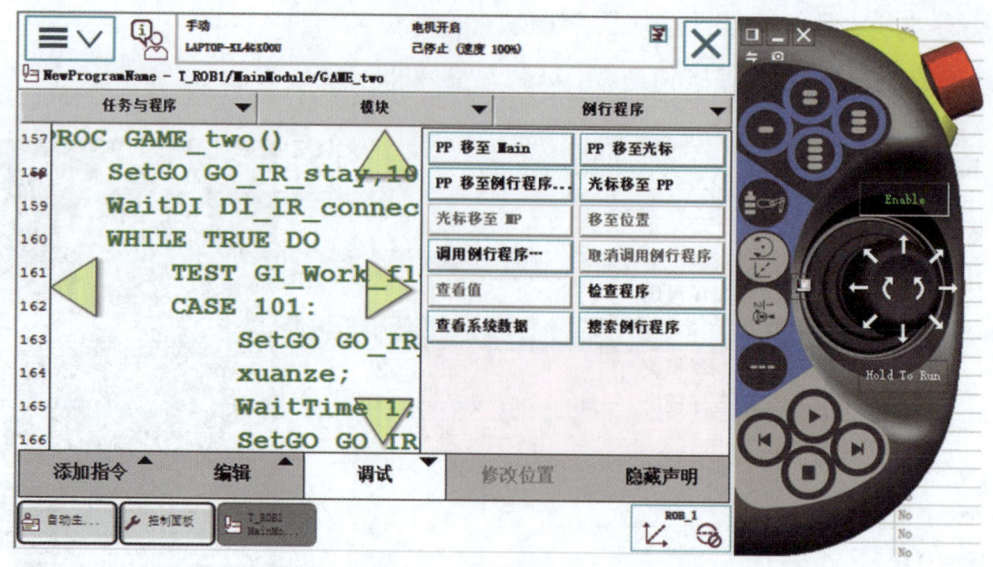

图 5-47 创建控制程序

5.4.4 练习

1）基于 5.4.3 小节内容，在虚拟示教器中新建例行程序，将程序更名为"初始化程序"，并将其放置于 Module 模块下。

2）在初始化程序中添加指令，实现在执行初始化时将夹具打开且所有信号复位。

3）在配置中设置每次开机时都执行一次检查原点程序。

4）在程序模块"SegmentControl.sys"中创建机器人控制程序。

任务 5.5　RobotStudio 数据备份

5.5.1　RobotStudio 文件共享

在将机器人工站文件备份或者移动到其他电脑端时，需要用到打包与解包功能。

打包即将整个文件夹打包成一个 RobotStudio 自己的压缩包，如图 5-48 所示。

解包即将压缩包解压缩到不带有中文路径的空文件夹下，如图 5-49 所示。

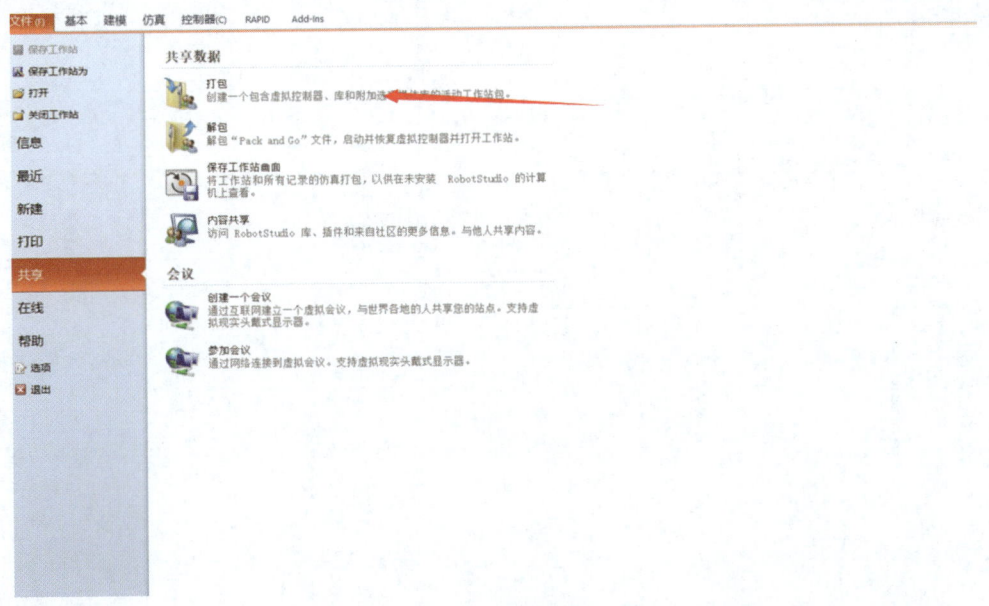

图 5-48 文件打包

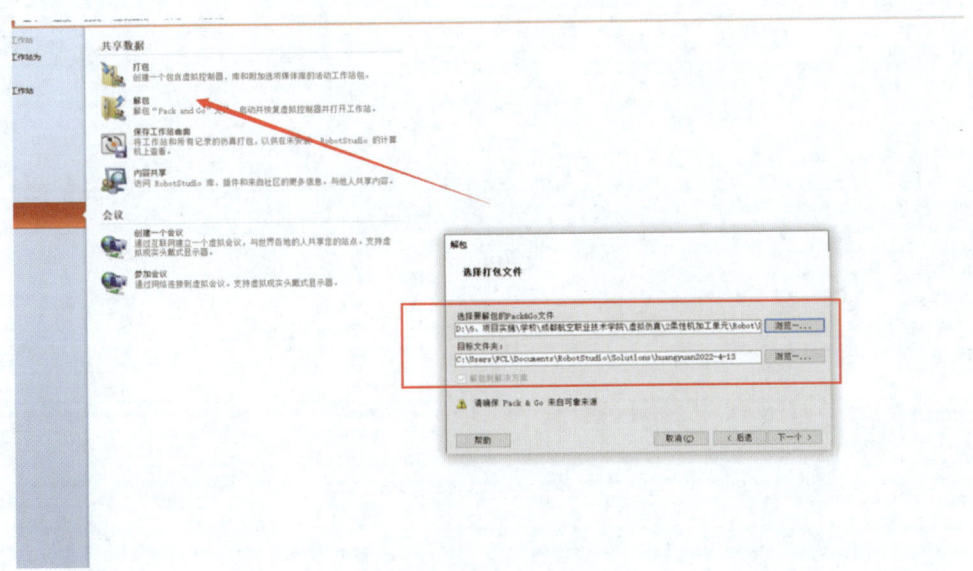

图 5-49 文件解包

5.5.2 机器人备份导入

当从现场复制出机器人备份文件可以直接导入至 RobotStudio 中，同样选择"新建"—选择"工作站和机器人控制器解决方案"，更改名字，选择从备份创建同样路径中不能有中文路径。点击"创建"即创建现场机器人工作站文件，如

项目 5　RobotStudio 机器人路径规划

图 5-50 所示。

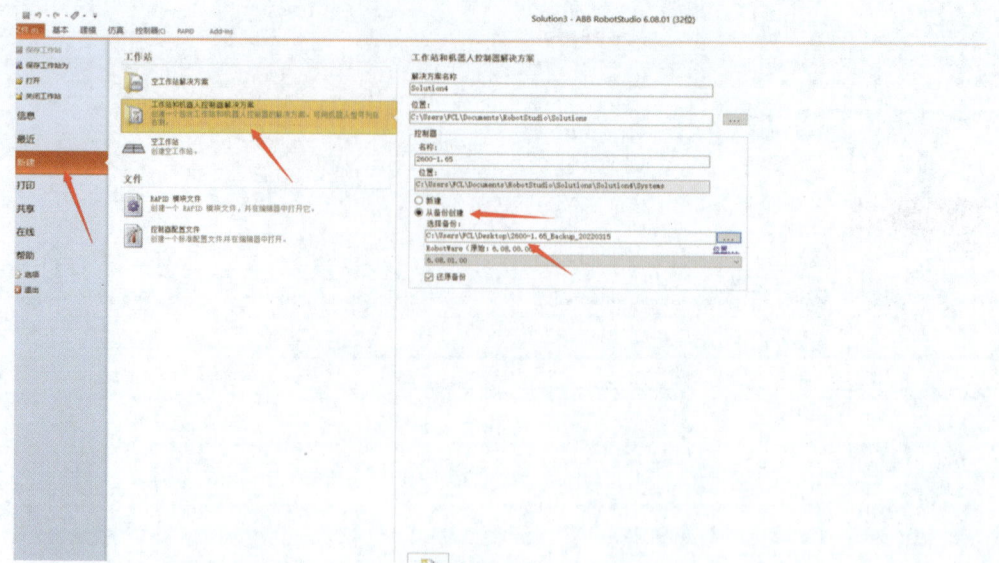

图 5-50 从现场机器人程序中创建项目

项目 6 PLC 控制程序与 HMI 画面组态

任务 6.1 工艺流程分析

该项目主要将电极料架中的电极座毛坯,由机器人放至机床进行加工,加工完成后放入检测机测量,测量完成后再放回电极料架处,完成整个柔性加工过程,如图 6-1 所示。

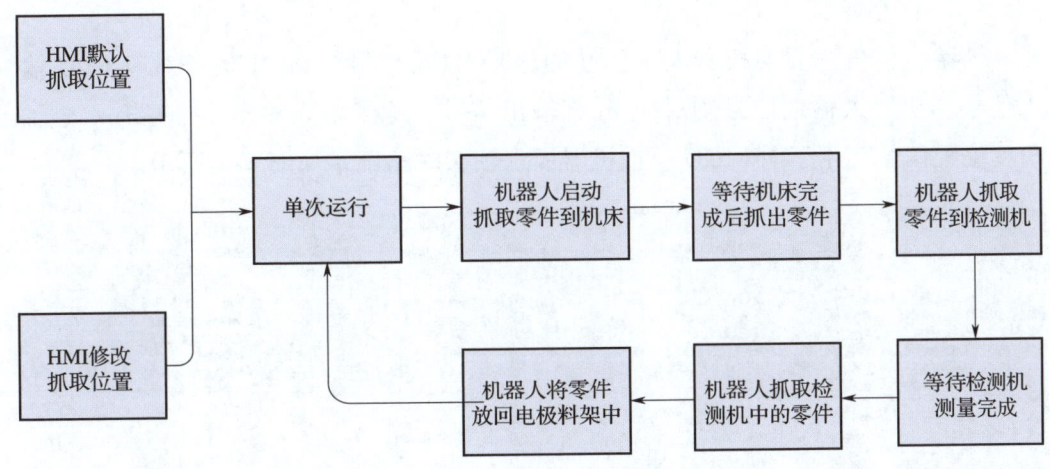

图 6-1 机器人动作流程图

任务 6.2 I/O 表分配

因为在该单元中 PLC 既要与 Robot 进行通信,也要与 MCD 通信模拟真实外部设备,所以需要创建不同的 DB 数据块存储数据。

1. MCD 信号

MCD 信号主要由机床信号和测量机信号组成,机床信号有开关门请求的输出信号和开关门检测到位的输入信号;测量机信号有开始检测的启动输出信号和检测完成的输入信号,如图 6-2 所示。

MCD

	名称	数据类型	起始值	保持	从 HMI/OPC...	从 H...	在 HMI ...	设定值
1	▼ Static			☐	☐	☐	☐	☐
2	▼ 机床控制	Struct		☐	☑	☑	☑	☐
3	▼ To MCD	Struct		☐	☑	☑	☑	☐
4	开门请求	Bool	false	☐	☑	☑	☑	☐
5	关门请求	Bool	false	☐	☑	☑	☑	☐
6	▼ From MCD	Struct		☐	☑	☑	☑	☐
7	开门到位	Bool	false	☐	☑	☑	☑	☐
8	关门到位	Bool	false	☐	☑	☑	☑	☐
9	允许开门	Bool	false	☐	☑	☑	☑	☐
10	▼ 测量机控制	Struct		☐	☑	☑	☑	☐
11	开始检测	Bool	false	☐	☑	☑	☑	☐
12	检测完成	Bool	false	☐	☑	☑	☑	☐

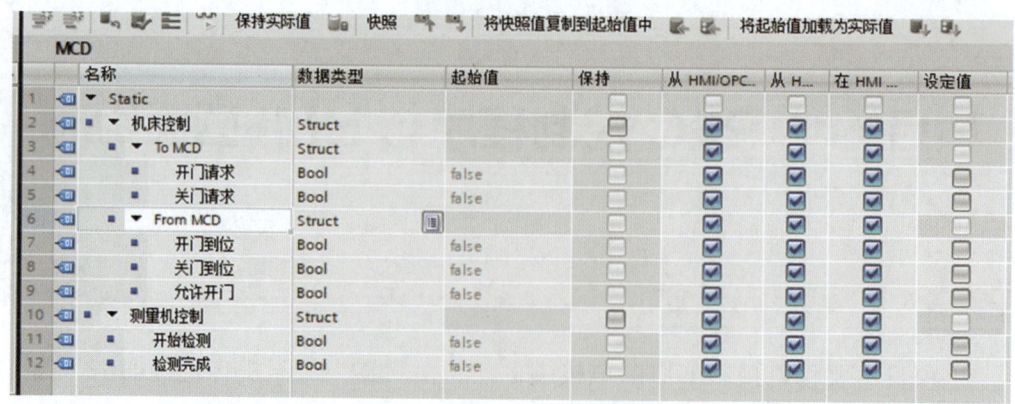

图 6–2　MCD 信号 DB 数据块

2. 机器人信号

机器人信号主要与机器人工作站的信号对应，机器人输出信号对应 PLC 输入信号，机器人输入信号则对应 PLC 输出信号，除了输入输出信号还有六个轴角度位置信号，用于向 MCD 反馈机器人六轴实时角度，如图 6–3 所示。

RobotIO

名称	数据类型	偏移量	起始值	保持	从 HMI/OPC...	从 H...	在 HMI ...	设定值	监控	注释
▼ Static				☐	☐	☐	☐	☐		
▼ To ABB	Struct	0.0		☐	☑	☑	☑	☐		
GI_Work_flow	Byte	0.0	16#0	☐	☑	☑	☑	☐		命令
GI_CK_getp_YL	Byte	1.0	16#0	☐	☑	☑	☑	☐		毛坯抓取位置（层数）
GI_CK_putp_HG	Byte	2.0	16#0	☐	☑	☑	☑	☐		毛坯抓取位置（个数）
DI_IR_connect	Bool	3.0	false	☐	☑	☑	☑	☐		机器人连接
DI_IR_Stop	Bool	3.1	false	☐	☑	☑	☑	☐		机器人急停
DI_Test_Workstay	Bool	3.2	false	☐	☑	☑	☑	☐		测量机有工件
RES0	Byte	4.0	16#0	☐	☑	☑	☑	☐		
RES1	Byte	5.0	16#0	☐	☑	☑	☑	☐		
▼ From ABB	Struct	6.0		☐	☑	☑	☑	☐		
GO_IR_stay	Byte	6.0	16#0	☐	☑	☑	☑	☐		机器人状态
GO_IR_connet	Byte	7.0	16#0	☐	☑	☑	☑	☐		机器人连接
GO_IR_run	Byte	8.0	16#0	☐	☑	☑	☑	☐		机器人等待命令
GO_IR_Test_Jjstay	Byte	9.0	16#0	☐	☑	☑	☑	☐		测量机夹具状态
DO_JZ1_stay	Bool	10.0	false	☐	☑	☑	☑	☐		
DO_JZ2_stay	Bool	10.1	false	☐	☑	☑	☑	☐		
DO_2_JZ1	Bool	12.0	false	☐	☑	☑	☑	☐		机器人夹爪动作
▼ Joint	Struct	14.0		☐	☑	☑	☑	☐		
J1	Real	14.0	0.0	☐	☑	☑	☑	☐		
J2	Real	18.0	0.0	☐	☑	☑	☑	☐		
J3	Real	22.0	0.0	☐	☑	☑	☑	☐		
J4	Real	26.0	0.0	☐	☑	☑	☑	☐		
J5	Real	30.0	0.0	☐	☑	☑	☑	☐		
J6	Real	34.0	0.0	☐	☑	☑	☑	☐		

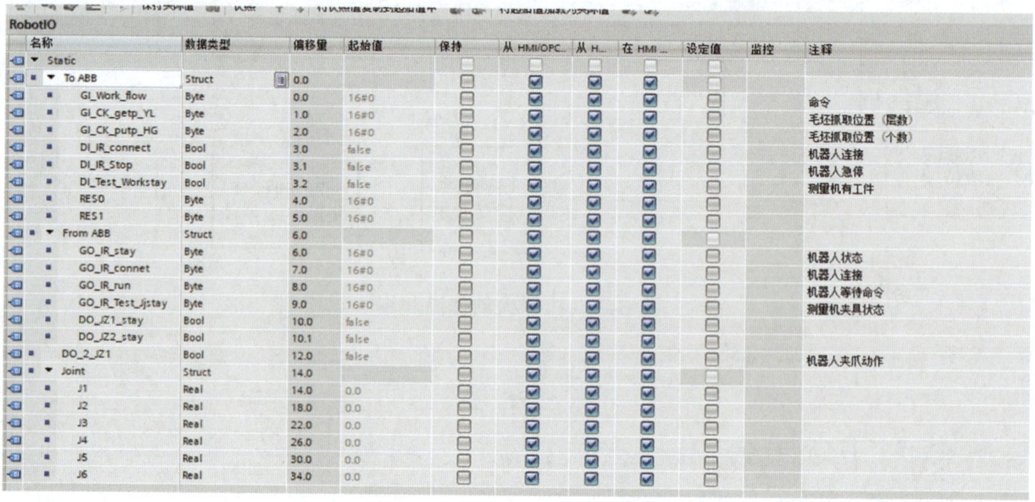

图 6–3　机器人信号 DB 数据块

3. HMI 信号

HMI 信号数据块中主要将 MCD、机器人的状态信息反馈到虚拟 HMI 中，如图 6–4 所示。

	名称	数据类型	偏移量	起始值	保持	从 HMI/OPC..	从 H...	在 HMI ...	设定值	监控	注释
1	▼ Static				☐	☐	☐	☐	☐		
2	自动运行流程	Int	0.0	0	☐	☑	☑	☑	☐		
3	测量结果	Int	2.0	0	☐	☑	☑	☑	☐		1.正确 2 错误
4	▼ HMI画面	Struct	4.0		☐	☑	☑	☑	☐		
5	抓取零件横排位置	Int	4.0	0	☐	☑	☑	☑	☐		
6	抓取零件竖排位置	Int	6.0	0	☐	☑	☑	☑	☐		
7	自动运行	Bool	8.0	false	☐	☑	☑	☑	☐		
8	初始化按钮	Bool	8.1	false	☐	☑	☑	☑	☐		
9	视角切换	Bool	8.2	false	☐	☑	☑	☑	☐		
10	机器人急停	Bool	8.3	false	☐	☑	☑	☑	☐		
11	视图参数	Int	10.0	0	☐	☑	☑	☑	☐		1-4个视图

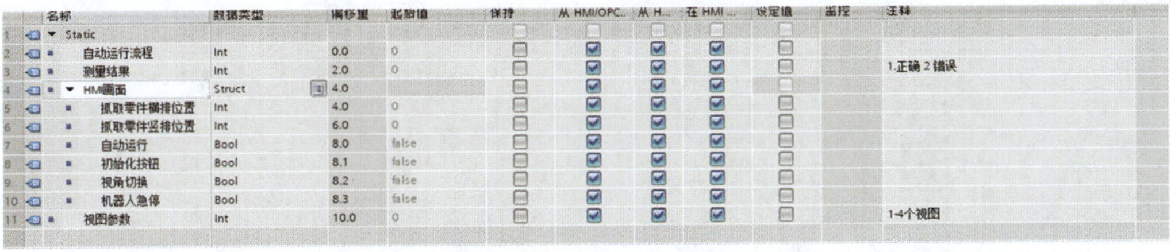

图 6-4　HMI 信号

任务 6.3　PLC 项目创建

6.3.1　PLC 组态及 HMI 组态

1. 创建新项目

打开博途 V16，单击“创建新项目”，创建名为“自动加工检测一体化系统——虚拟调试”的项目，单击“创建”，如图 6-5 所示。

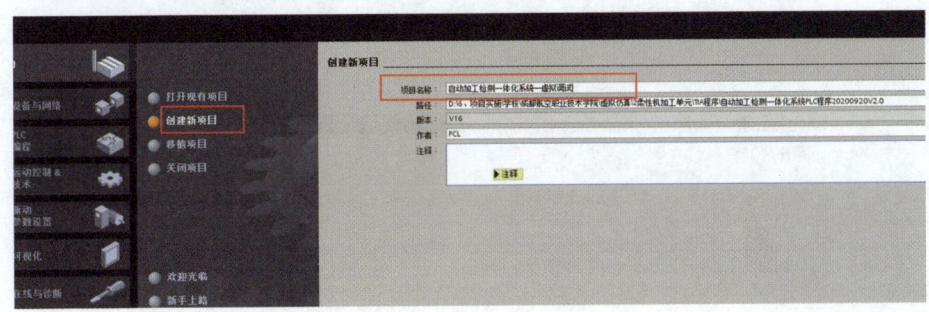

图 6-5　创建新项目

2. 添加设备

根据 PLC 型号及后续实现软件在环选择 PLC 为 1500 系列（CPU 1513-1 PN）。因为后面涉及与 MCD 的虚拟调试，所以在右侧的版本中选择 V4.4 带有 OPC UA 的版本。同理，HMI 选择 1200 精智面板（TP1200 Comfort），PLC 组态如图 6-6 所示。

3. HMI 设备向导

在 HMI 设备向导中可以组态与 PLC 连接、画面布局、报警视图、创建画面、系统画面及全局画面中的按钮，也可以不勾选（在项目视图中自己添加），此处选择用 HMI 设备向导，如图 6-7 所示。

项目 6

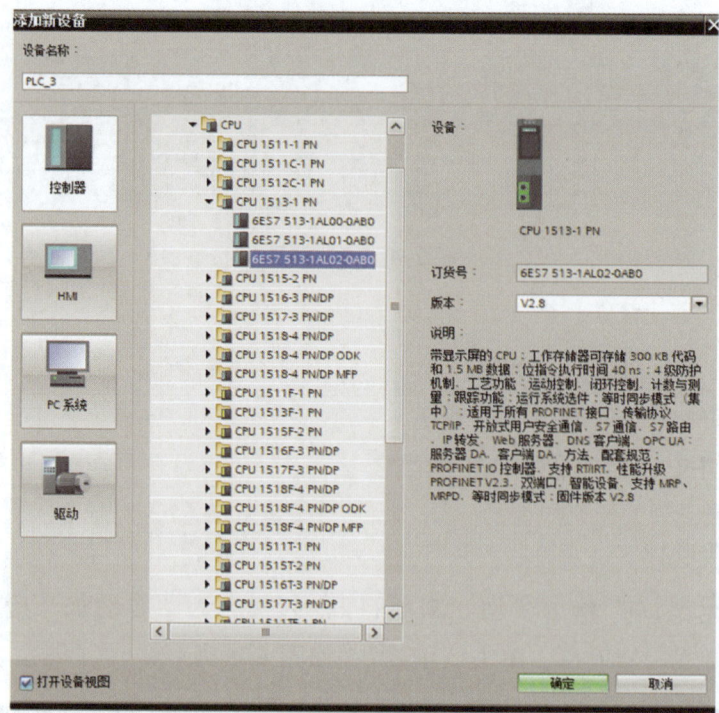

图 6-6　PLC 组态

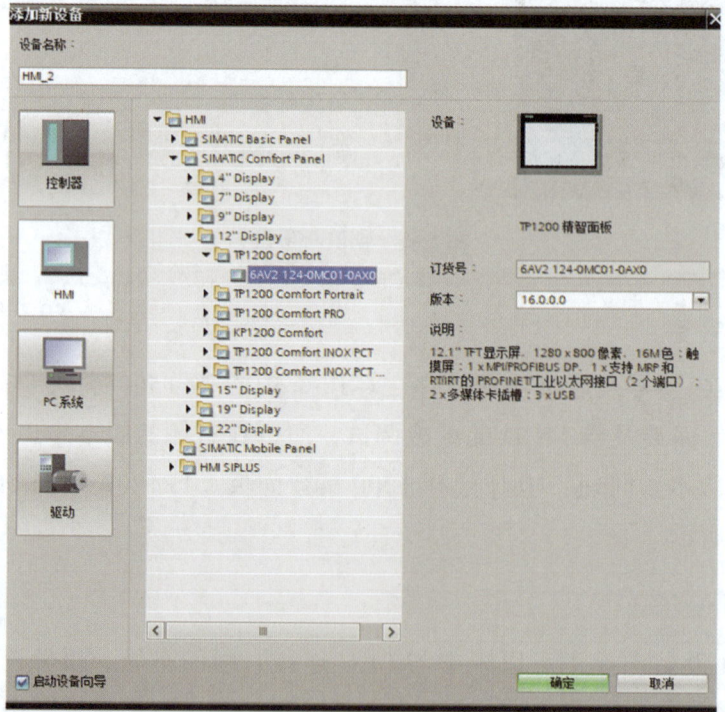

图 6-7　HMI 画面组态

PLC 连接：选择上面选择的 PLC，它会自动与 PLC 创建连接，则不需要在设备组态中再次创建，如图 6-8 所示。

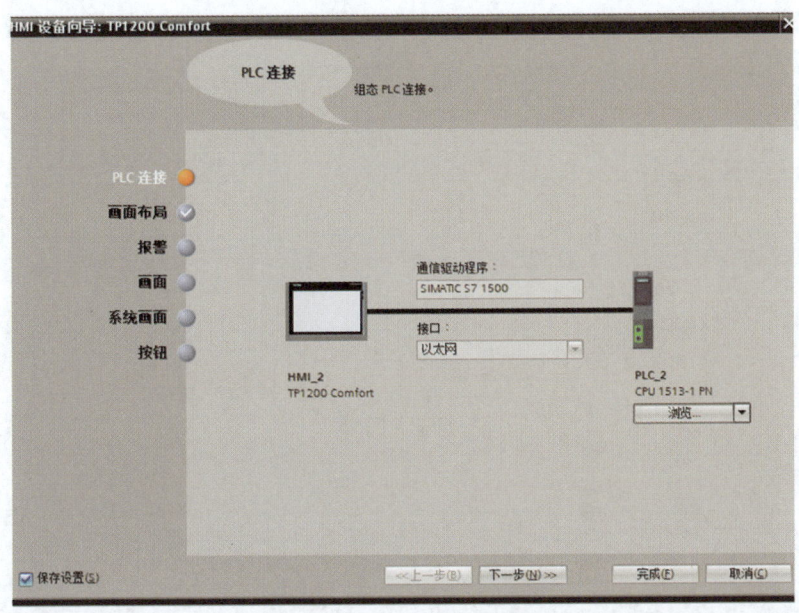

图 6-8　HMI 与 PLC 连接

画面布局：画面布局可以选择画面颜色，页眉取消勾选，如图 6-9 所示。

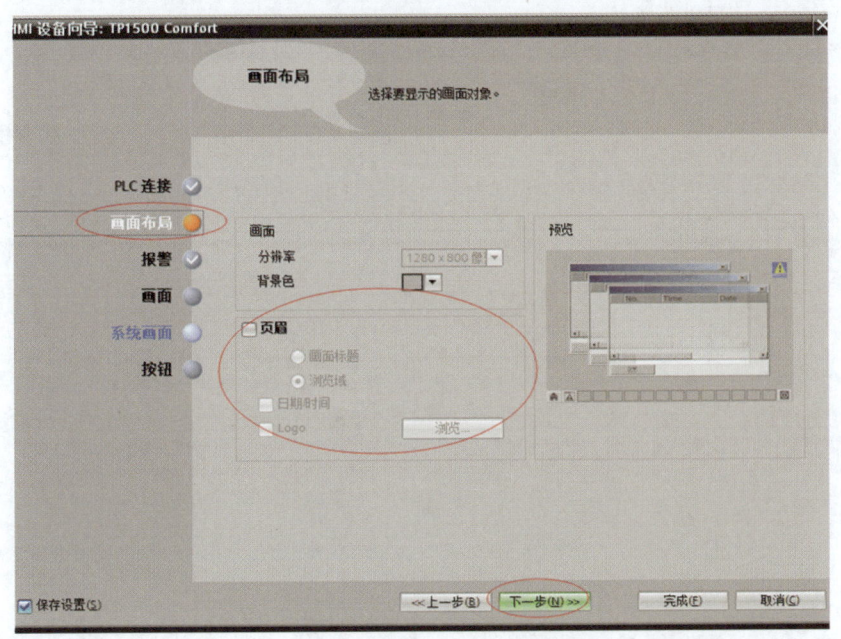

图 6-9　画面页眉设置

报警视图：报警视图主要显示一些自己设置的报警，这里报警视图也在后面添加，如图 6-10 所示。

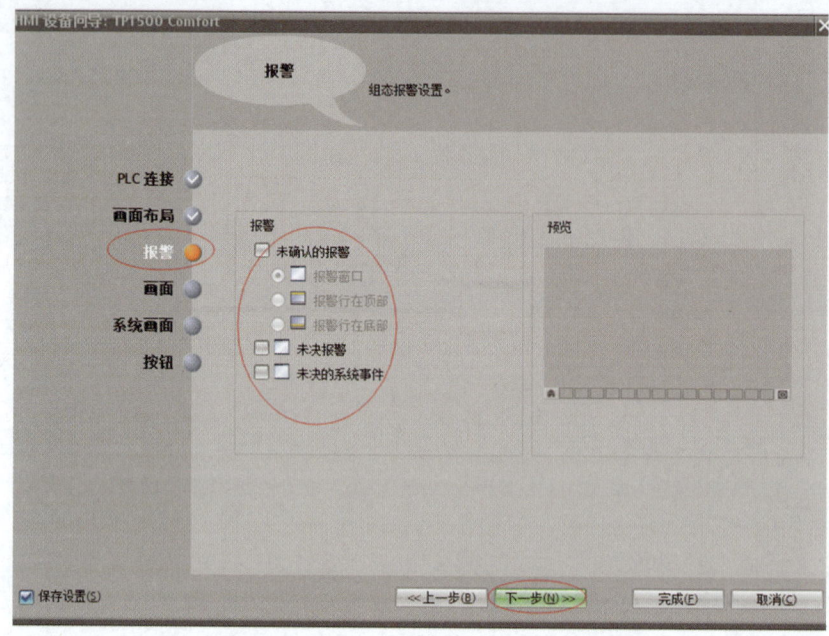

图 6-10　报警视图组态

画面：这里可以添加需要的画面，可以给画面重新命名，如图 6-11 所示。

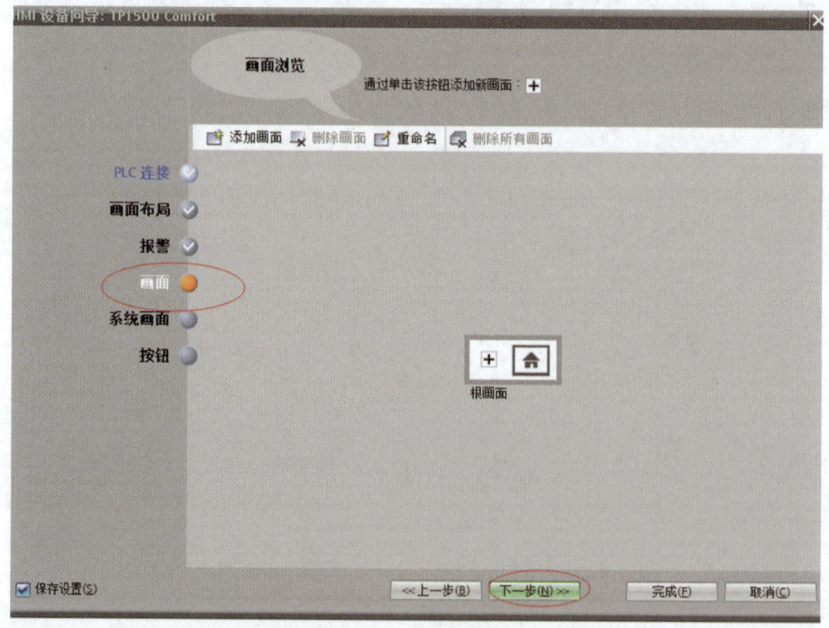

图 6-11　画面组态

系统画面：可以选择需要的系统画面。

按钮：可以选择展示的系统按钮。选择完成后，单击"完成"，如图 6-12 所示。

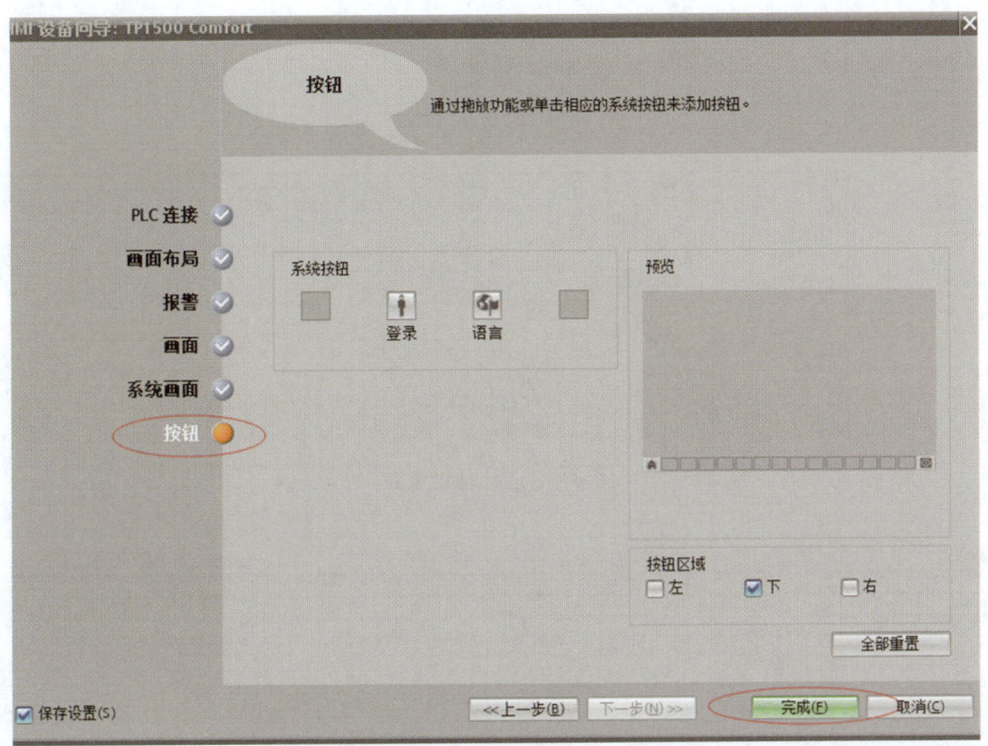

图 6-12　按钮组态

6.3.2　PLC 硬件属性设置

1. 设置 IP 地址

单击"项目视图"，单击"PLC_1"，单击"设备组态"，在常规中选择"PROFINET 接口"。

选项卡选择"以太网地址"，在 IP 协议下设置 IP 地址和子网掩码。PLC 的 IP 地址与 HMI 的 IP 地址应在同一网段，如图 6-13 所示。

2. 勾选系统和时钟存储器

选中"系统和时钟存储器"选项卡，勾选"启用系统存储器字节"和"启用时钟存储器字节"，如图 6-14 所示。

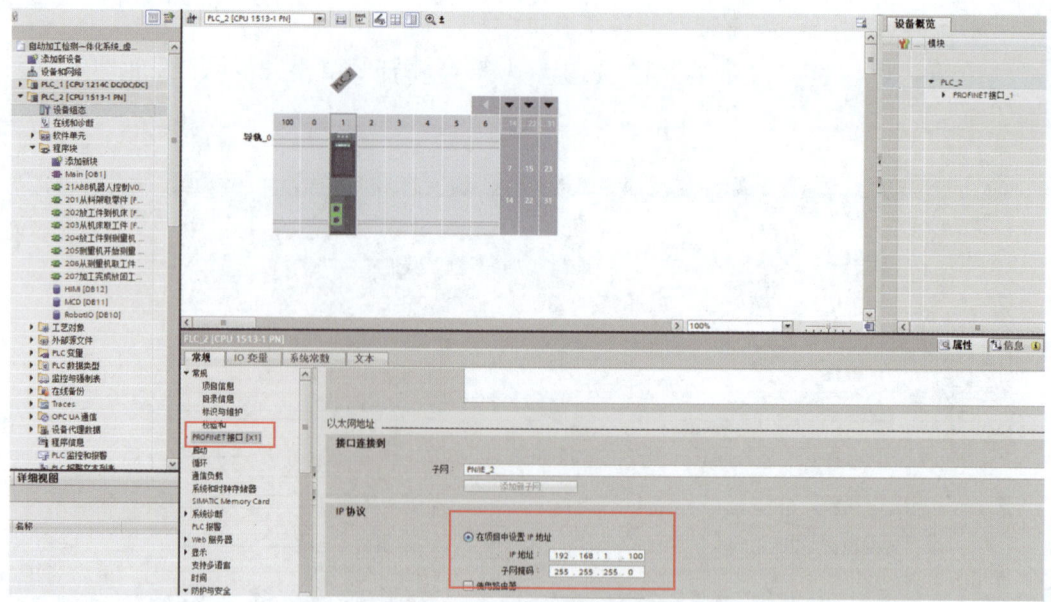

图 6-13 IP 地址设置

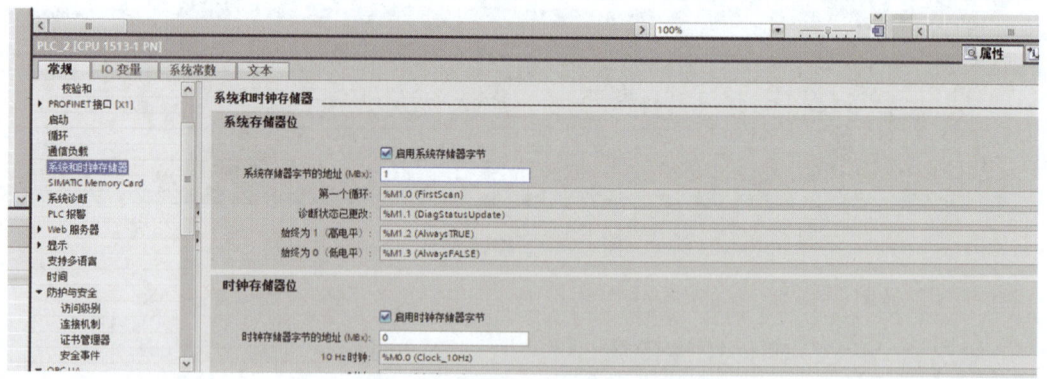

图 6-14 系统和时钟存储器

6.3.3 练习

1)打开 TIA Portal 软件,创建一个新项目。

2)在新建的项目中组态 1500 系列 CPU,型号为(1513-1 PN),要求选择支持 OPC UA 通信的版本。

3)在新建的项目中组态 12in(1in≈2.54cm)精智面板,型号为(TP1200 Comfort)。

4)设置 PLC 硬件属性,将 PLC 的以太网地址与 HMI 的 IP 地址设置在同一网段。

5）勾选"启用系统存储器字节"和"启用时钟存储器字节"。

6）将组态信息下载至虚拟 PLC 实例中。

任务 6.4　PLC 程序编写

6.4.1　21 机器人控制程序（FC21）

机器人控制程序块中包含与机器人通信部分、机器人自动运行流程部分和信号复位三部分，如图 6-15 和图 6-16 所示。

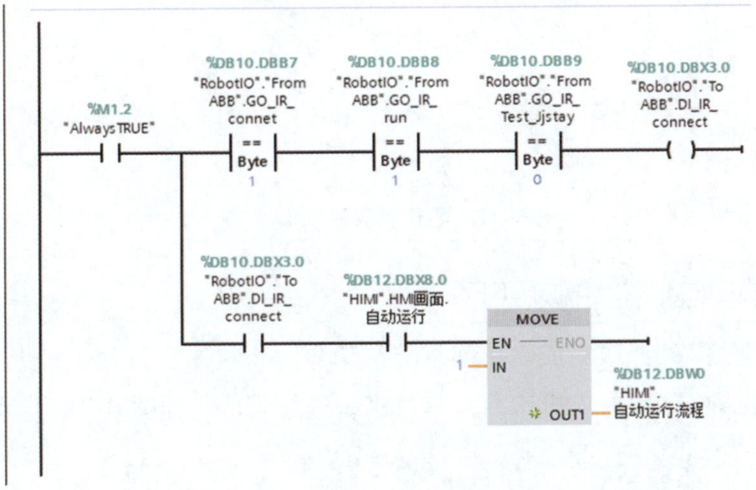

图 6-15　机器人通信

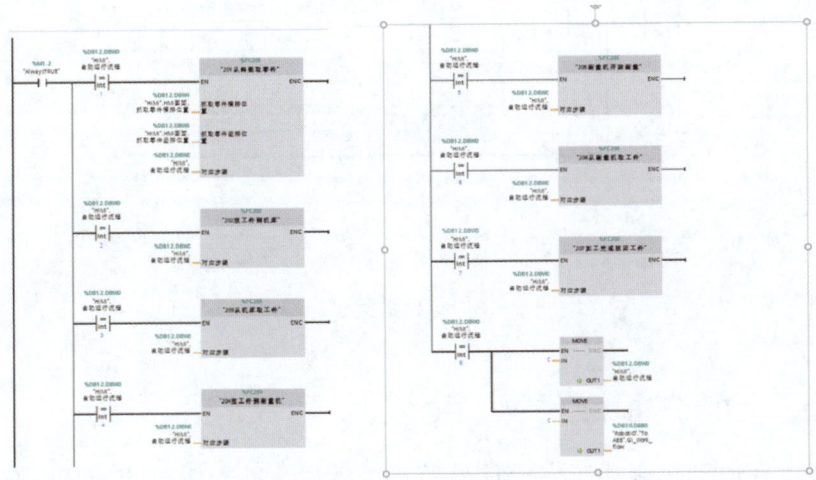

图 6-16　机器人自动运行流程

6.4.2　201 从料架取零件（FC201）

从料架取零件程序块中等待机器人回复等待信号后，将零件抓取位置和放置位置发给机器人，机器人接受后执行从料架取零件的动作，如图 6-17 所示。

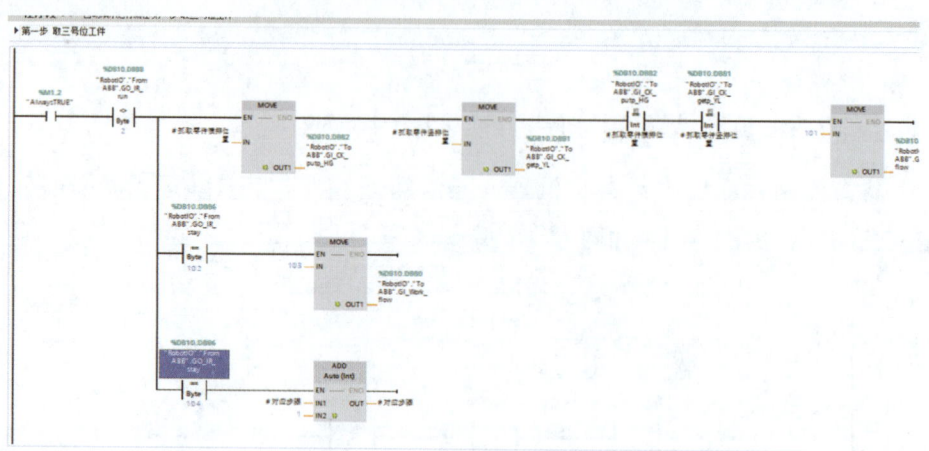

图 6-17　零件抓取程序

6.4.3　202 放零件到机床（FC202）

等待机器人从零件抓取完成之后回复等待信号时将机床门打开，机床门打开完成之后让机器人将零件放入机床内并离开机床进行等待，如图 6-18 所示。

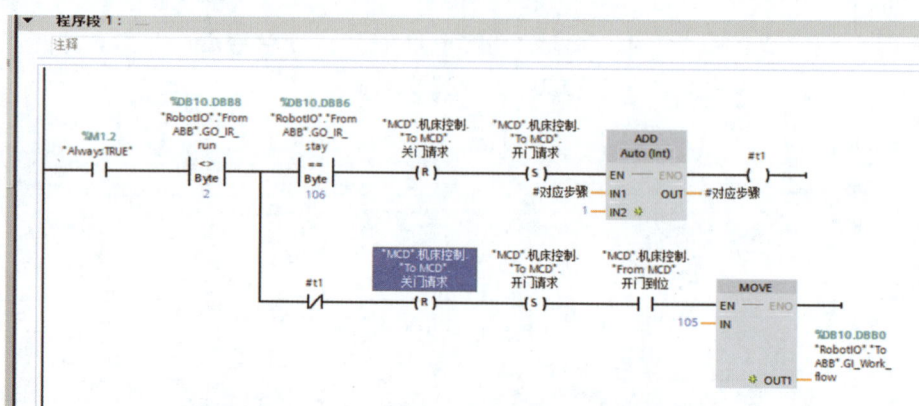

图 6-18　零件放置机床程序

6.4.4　203 从机床取零件（FC203）

机器人获取到机床加工完成信号后将进入机床抓取零件出机床，如图 6-19 所示。

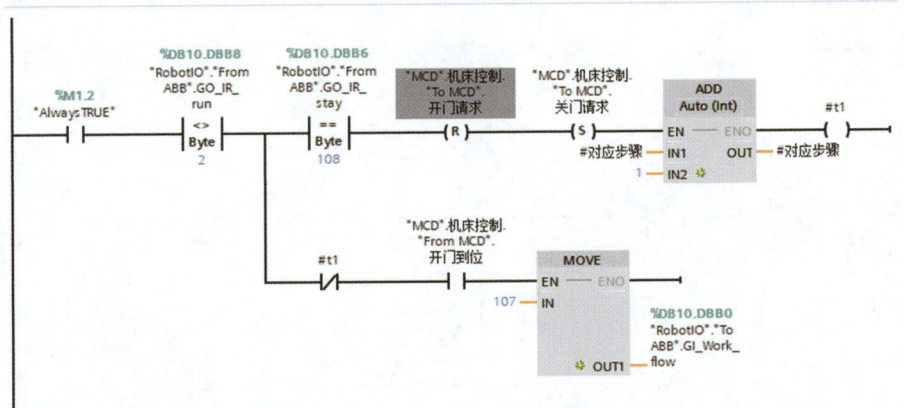

图 6-19　从机床取零件

6.4.5　204 放零件到测量机（FC204）

机器人将零件放至测量机中，并退出测量机，如图 6-20 所示。

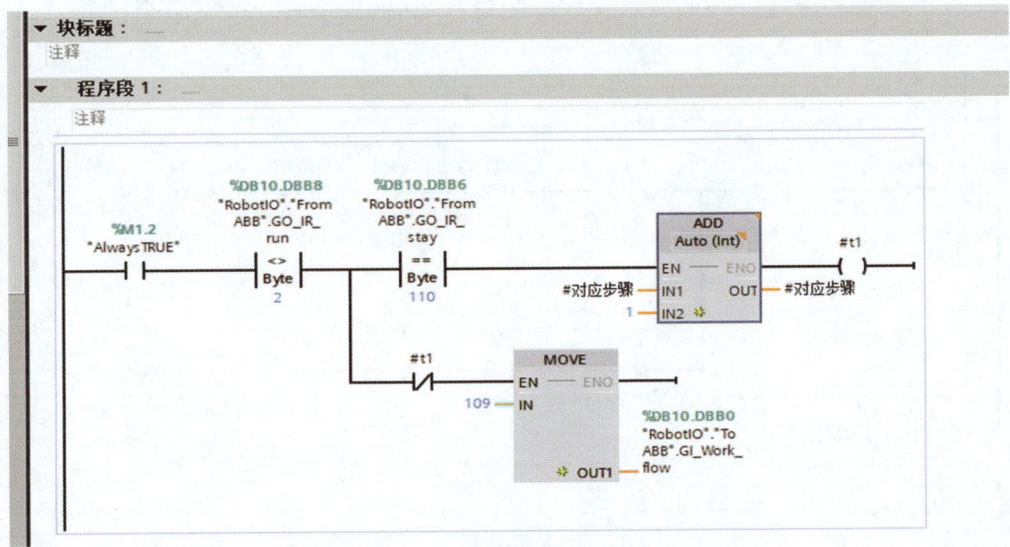

图 6-20　机器人放零件到测量机

6.4.6　205 测量机开始测量（FC205）

测量机开始测量，并给机器人信号，如图 6-21 所示。

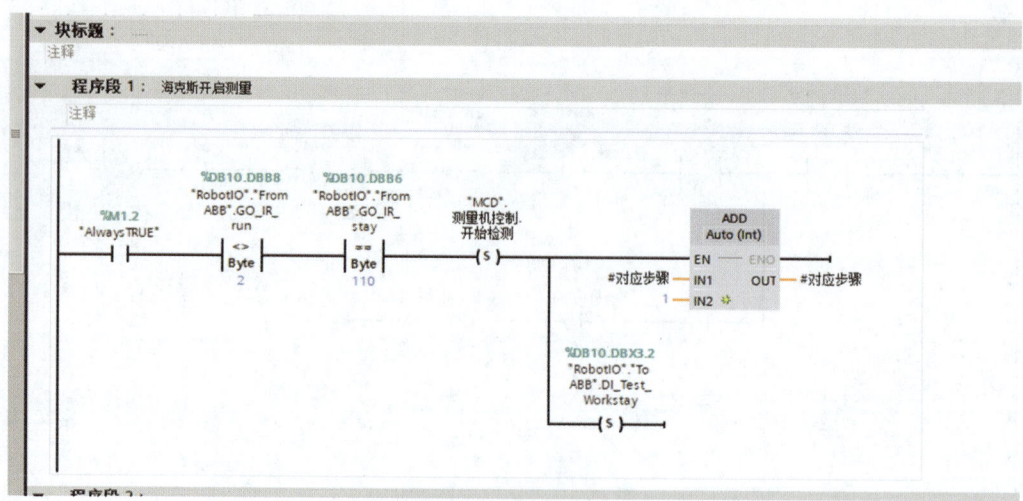

图 6-21 测量机开始测量

6.4.7　206 从测量机取零件（FC206）

待测量机测量信号完成后将零件从测量机中取出，如图 6-22 所示。

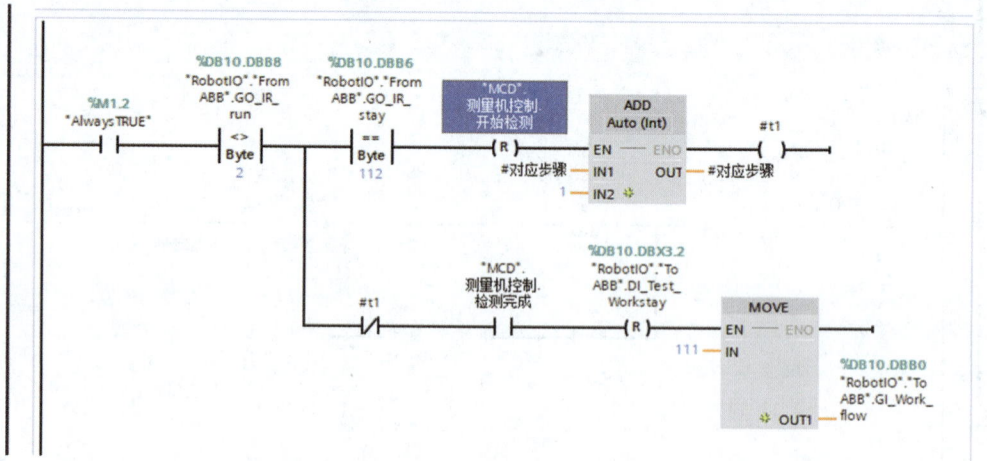

图 6-22 从测量机取出零件

6.4.8　207 加工完成放回零件（FC207）

将零件放回零件放置位置，回到机器人等待点等待下一次任务，如图 6-23 所示。

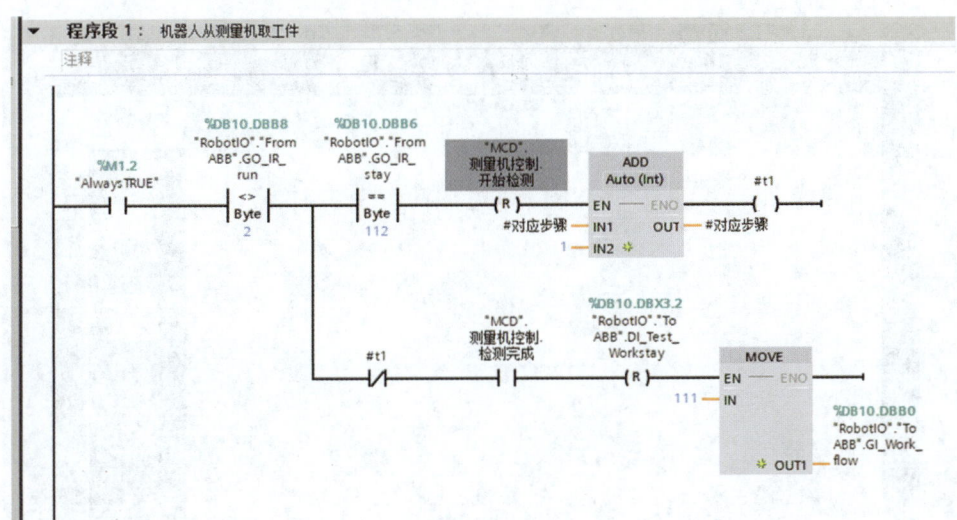

图 6-23 放回零件

6.4.9 练习

在新建的 Portal 项目编写 4.4.1 小节与 4.4.8 小节中所讲解的程序，编写完成后进行编译并下载到 PLC 操作。

任务 6.5　HMI 画面组态

6.5.1 画面创建

鼠标左键双击"HMI"，选择"画面"，双击"添加新画面"并改名为"主画面"。

6.5.2 基本画面

在 TIA 视图右侧的工具箱中，组态基本对象对基本画面进行美化，添加初始化、启动按钮等，如图 6-24 所示。

6.5.3 绑定变量

根据 HMIDB 数据块中的数据，将数据展示到 HMI 中，并绑定变量，如图 6-25 所示。

图 6-24　基本画面组态

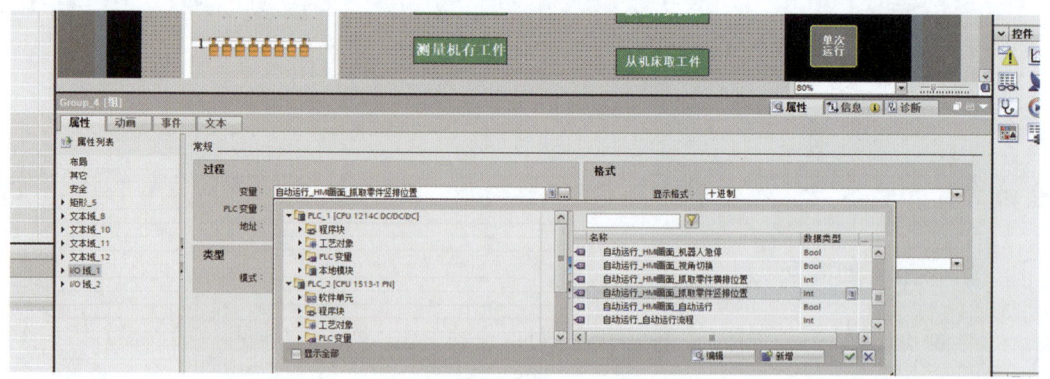

图 6-25　绑定变量

最终画面效果如图 6-26 所示。

6.5.4　练习

1）在组态的 HMI 设备中，添加新画面。

2）在新添加的 HMI 画面中，创建一个初始化按钮和一个机器人急停按钮，并将这两个按钮与 PLC 程序中的变量进行关联。

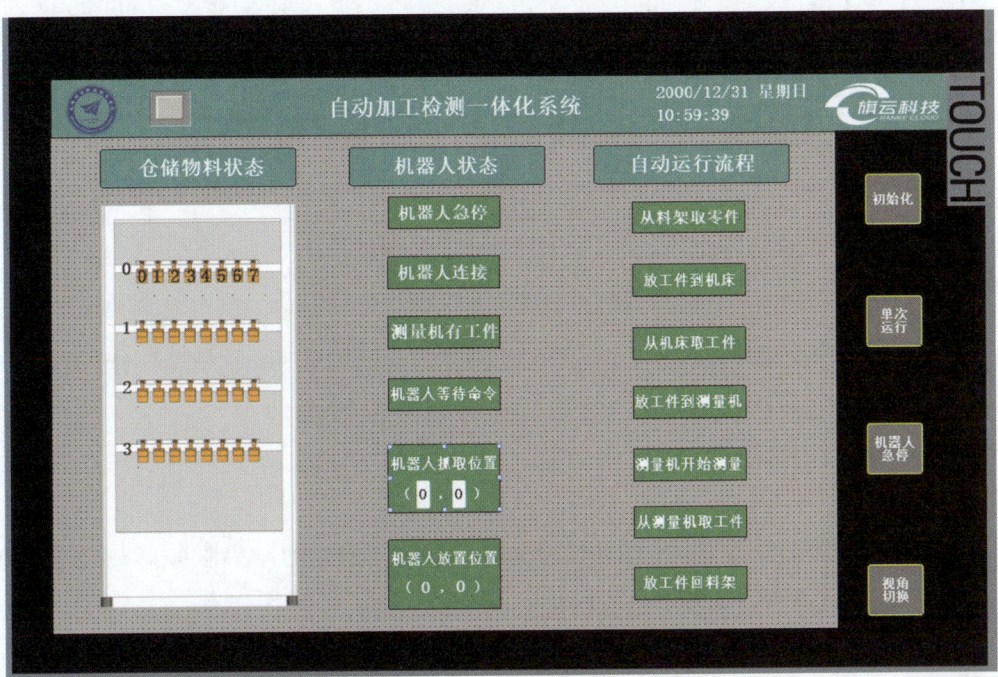

图 6-26 最终画面效果

项目 7　智能产线虚拟调试

任务 7.1　PLC 调试准备

7.1.1　启动 PLC 的 OPC UA 服务器及设置参数

1. 启动 OPC UA 服务

进入"设备视图",选中"CPU",CPU 属性→OPC UA→服务器,勾选"激活 OPC UA 服务器",如图 7-1 所示。

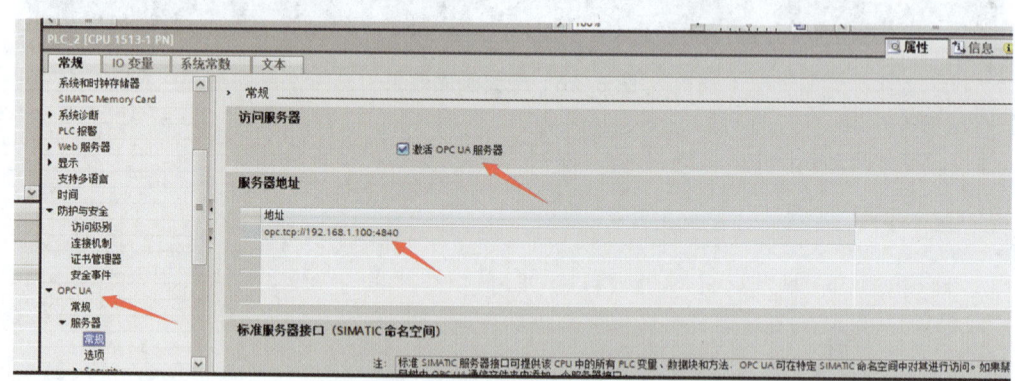

图 7-1　启动 OPC UA 服务器

1)激活 OPC UA 服务器。

2)服务器地址:用于客户端访问服务器,激活 S7-1500 的 OPC UA 服务器功能后,该 OPC UA 服务器的地址为图中的"opc.tcp://192.168.1.100:4840",服务器地址格式为"opc.tcp:// 服务器 IP:服务器端口号"。

2. 设置 OPC UA 运行系统许可证

CPU 属性→运行系统许可证→OPC UA→设置"购买的许可证类型",S7-1500 所有 CPU 所使用的许可证类型都相同:SIMATIC OPC UA S7-1500 Small,如图 7-2 所示。

标准的 SIMATIC 服务器接口可用于 S7-1500,不需要使用"OPC UA 通信"中添加的服务器接口,此处不做演示。

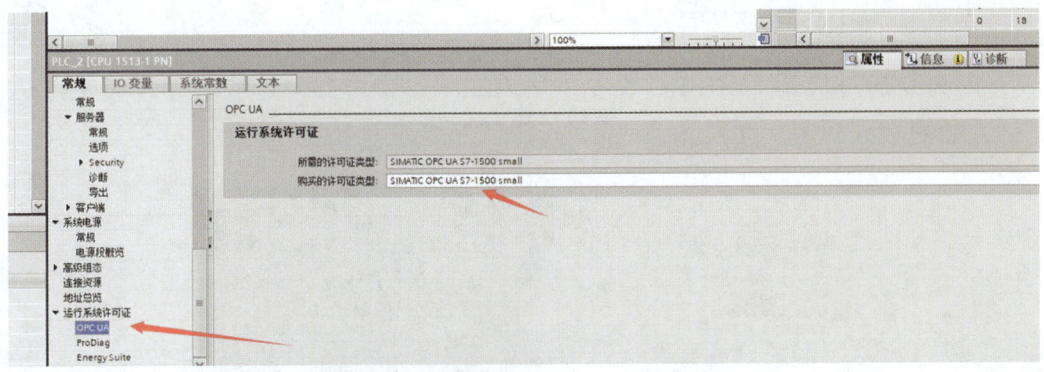

图 7-2 设置 OPC UA 运行系统许可证

7.1.2 启动虚拟 PLC（Advanced）

在软件在环调试过程，为了不借助第三方软件仿真 OPC 通信，采用西门子虚拟仿真 PLC 软件 Advanced，通过 Advanced 实现 PLC 的 OPC 通信。（注：Advanced 只支持 1500 系列 PLC 仿真，这也是我们选择 1500PLC 的原因）。

双击 Advanced V3.0 图标，如图 7-3 所示。

选择红色方框里面的"PLCSIM Virtual Eth. Adapter"有效，在下方框中输入 PLC 名字、IP 地址以及子网掩码，这里可以与 TIA 中 PLC 的 IP 对应，如图 7-4 所示。

单击 Start 按钮，启动实例，如图 7-5 所示。

图 7-3 Advanced 图标

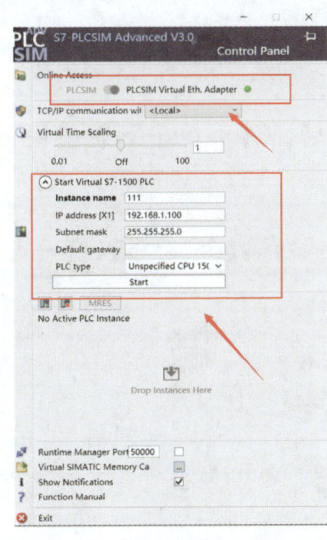

图 7-4 设置 PLC IP 地址

图 7-5 启动实例

7.1.3 PLC程序下载

因为是通过仿真下载 PLC 程序，所以在项目中需要勾选"块编译时支持仿真"，如图 7-6 和图 7-7 所示。

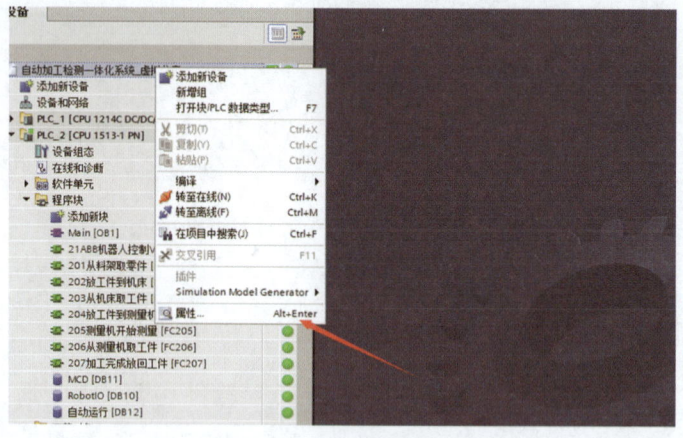

图 7-6 更改项目属性

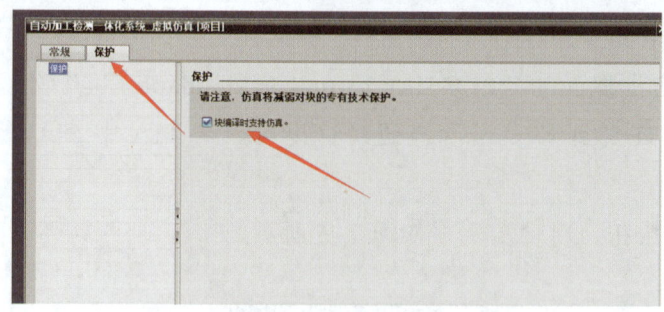

图 7-7 勾选"块编译时支持仿真"

编译程序并确认程序正确后，即可单击下载按钮将程序下载到创建的 PLC 中，如图 7-8 所示。

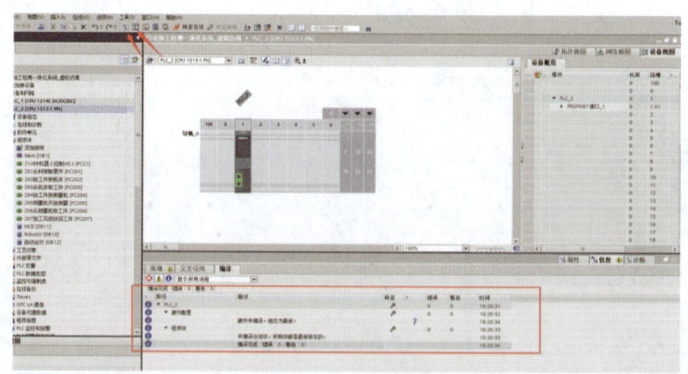

图 7-8 编译程序

在下载的程序框中，PG/PC 接口选择 Advanced 创建的虚拟网卡"Siemens PLCSIM Virtual Ethernet Adapter"，单击"开始搜索"，搜索到 PLC 后直接点击"下载"，如图 7-9 所示。

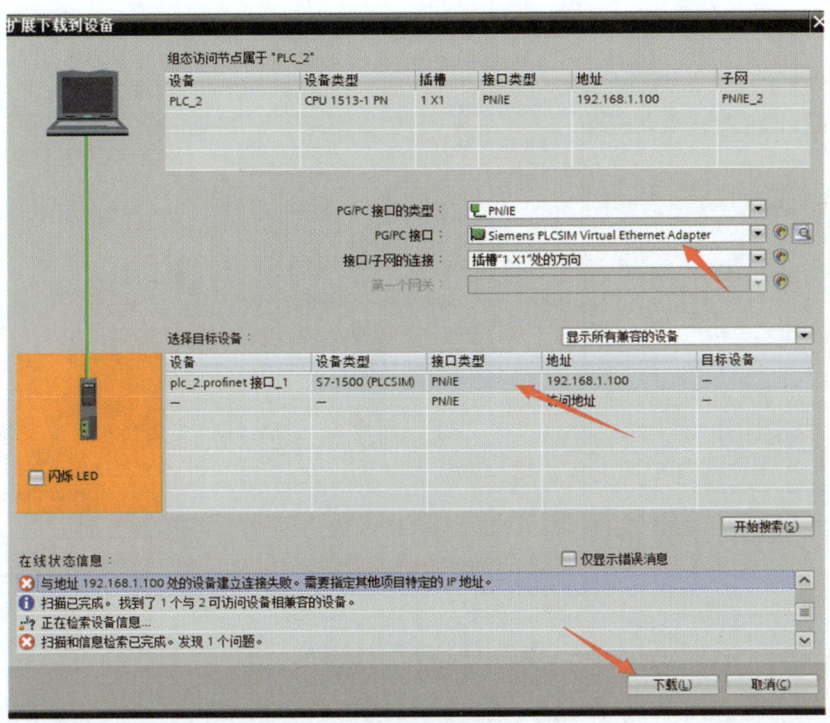

图 7-9　下载程序

下载完成，如图 7-10 所示。

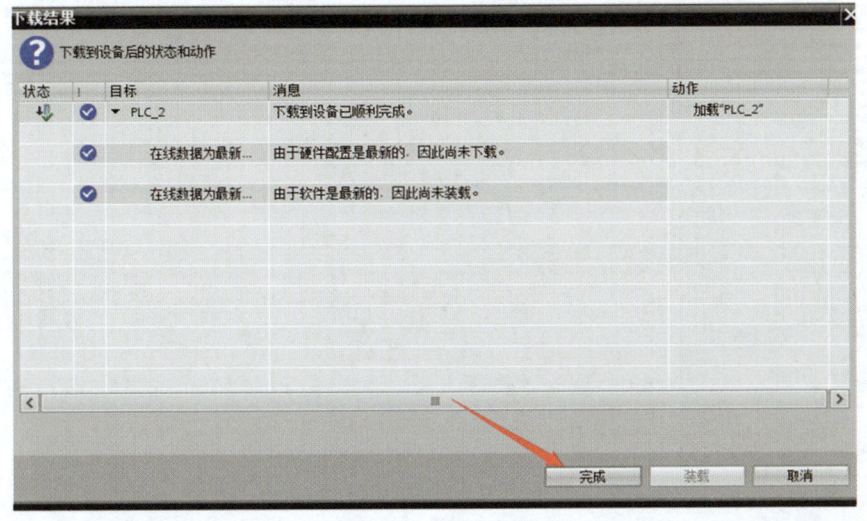

图 7-10　下载完成

7.1.4 程序在线与监视

程序下载完成后，可以点击"转至在线和监视"来查看程序运行过程、程序运行结果、程序逻辑是否正确、当前变量或者数据块当前值。

选中"PLC"，点击"转至在线"，如图 7-11 所示。

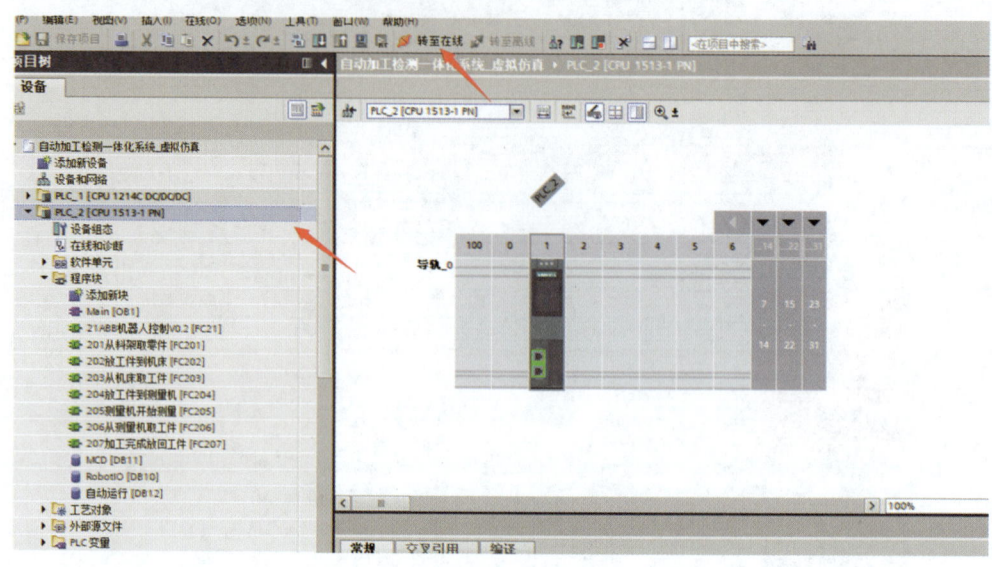

图 7-11 转至在线模式

转至在线后即可进入程序块中监视程序状态，选中程序块，点击"监视"查看当前程序块，如图 7-12 所示。

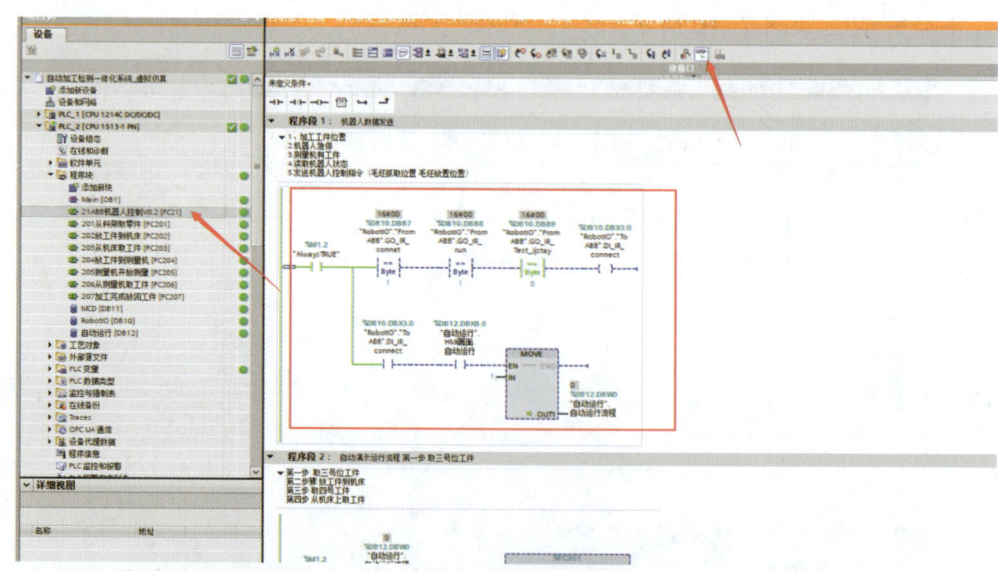

图 7-12 监视程序块

同样可以点击"DB 数据块",点击"监视"查看变量监视值,如图 7-13 所示。

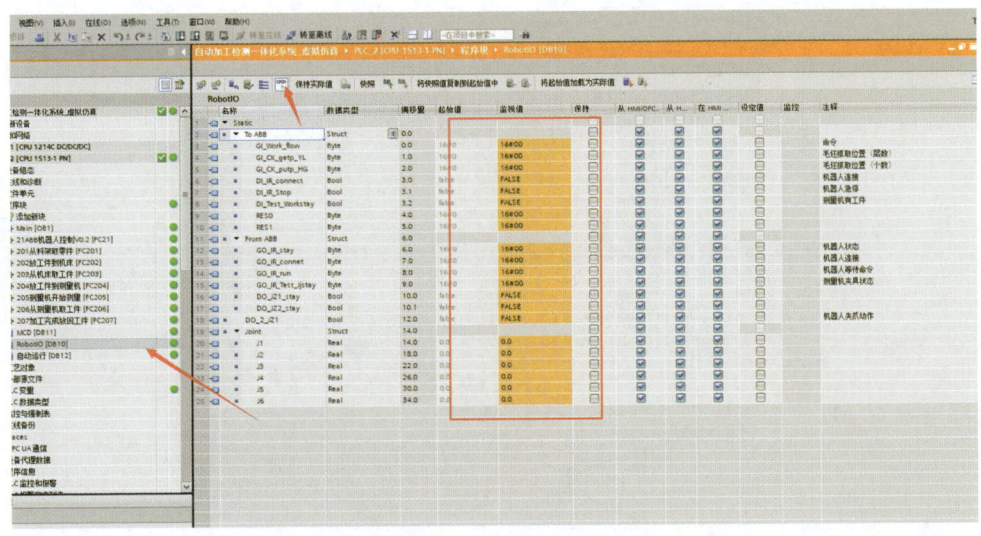

图 7-13　监视 DB 数据块

7.1.5　HMI 界面仿真

TIA 集成了 HMI 界面仿真,因此可以直接将 HMI 界面仿真,在开始前先将计算机 PG/PC 接口改成 Siemens PLCSIM Virtual Ethernet Adapter,防止 HMI 仿真时 HMI 信号与 PLC 信号连接不上,如图 7-14 所示。

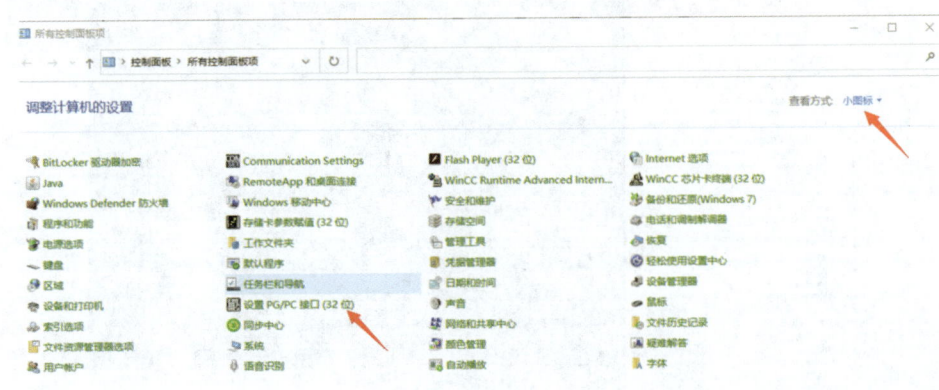

图 7-14　控制面板

在计算机控制面板中找到设置 PG/PC 接口,将 Step 7 分配为虚拟网卡 Siemens PLCSIM Virtual Ethernet Adapter.tcp。当需要通过网线将 PLC 程序下载到实际 PLC 中时,应将 PG/PC 接口还原选择到计算机本地以太网网卡,如

项目 7　智能产线虚拟调试

图 7-15 所示。

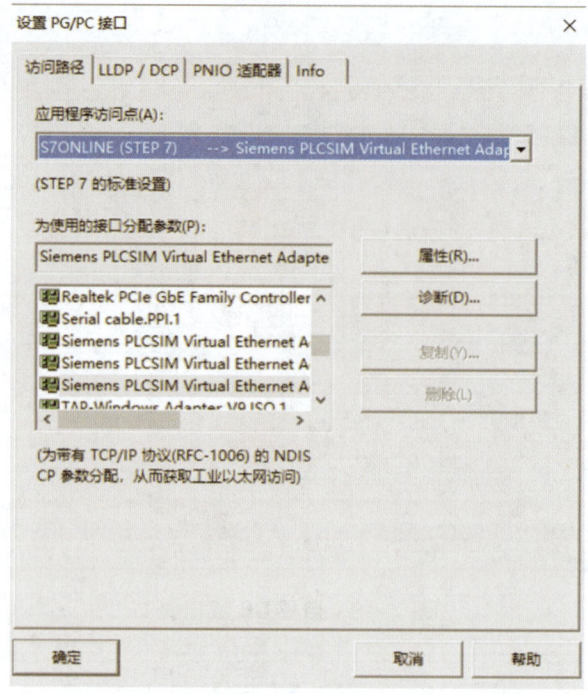

图 7-15　分配虚拟网卡

选中 HMI，单击"开始仿真"如图 7-16 所示。等待编译完成，弹出 HMI 画面，如图 7-17 所示。

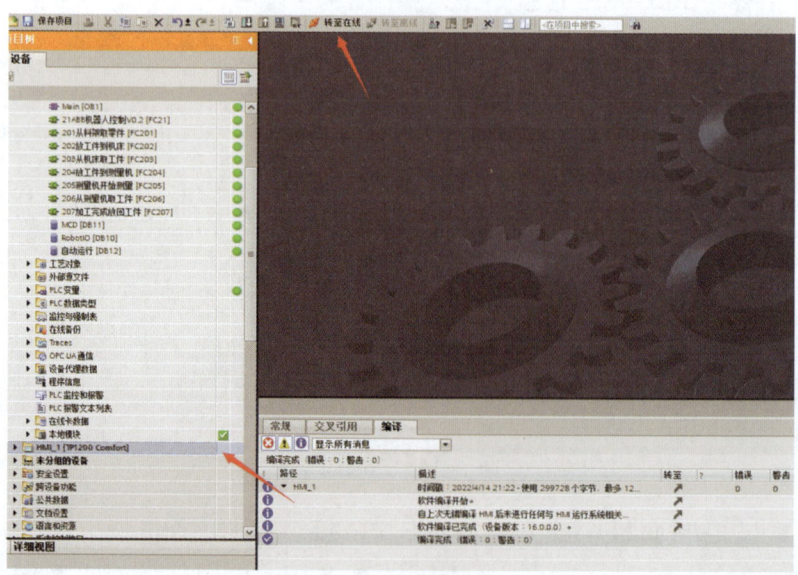

图 7-16　开始仿真

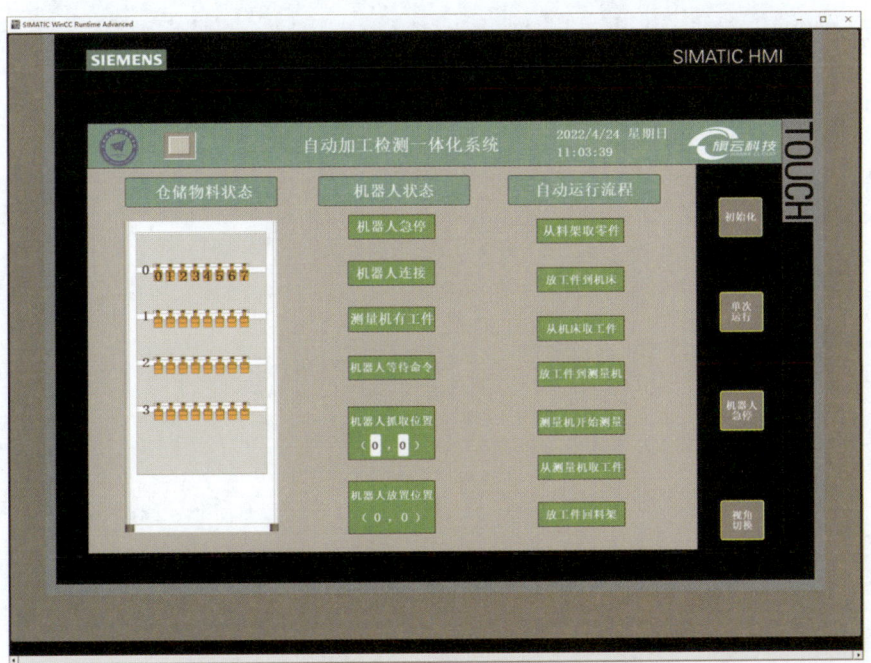

图 7-17　HMI 画面

7.1.6　练习

1）打开项目 4 中创建的 Portal 项目，启动 PLC 设备的 OPC UA 服务器，并勾选服务许可和设置正确的参数。

2）将编写的程序进行编译并下载到虚拟 PLC 中。

3）启动 HMI 界面的仿真画面，并将 PLC 程序转到在线，开启程序监视，点击 HMI 上的按钮，观察变量和程序是否能被正常触发。

任务 7.2　MCD 调试准备

7.2.1　NX 配置 OPC UA

打开 NX 柔性机加工单元总装模型，在"主页"选项卡下"自动化"找到外部信号，在外部信号配置对话框中选择"OPC UA"如图 7-18 所示，右侧点击"添加服务器"，输入 IP 地址和"：4840"。例如 opc.tcp://192.168.1.100:4840，如图 7-19 所示。

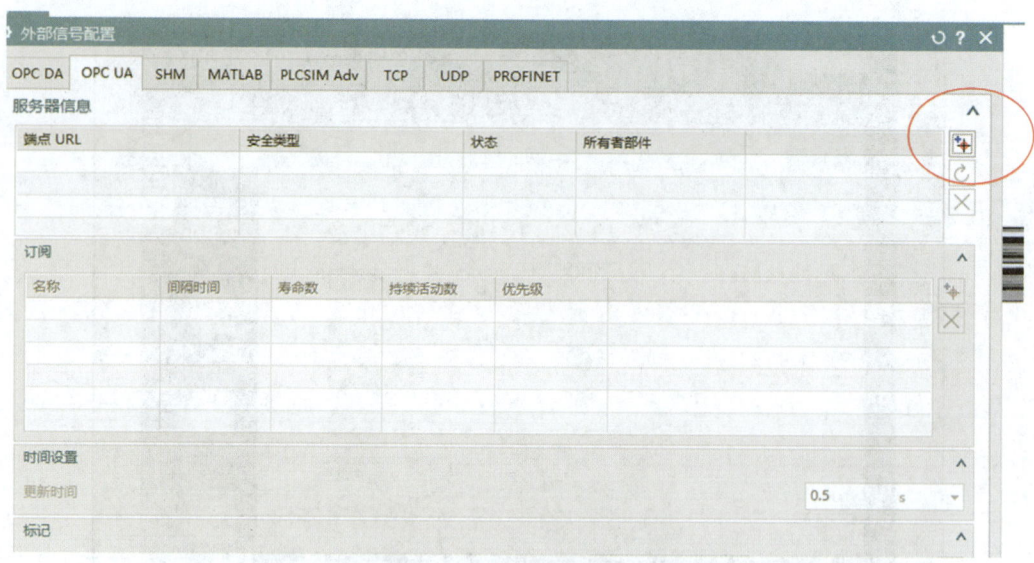

图 7-18 添加服务器

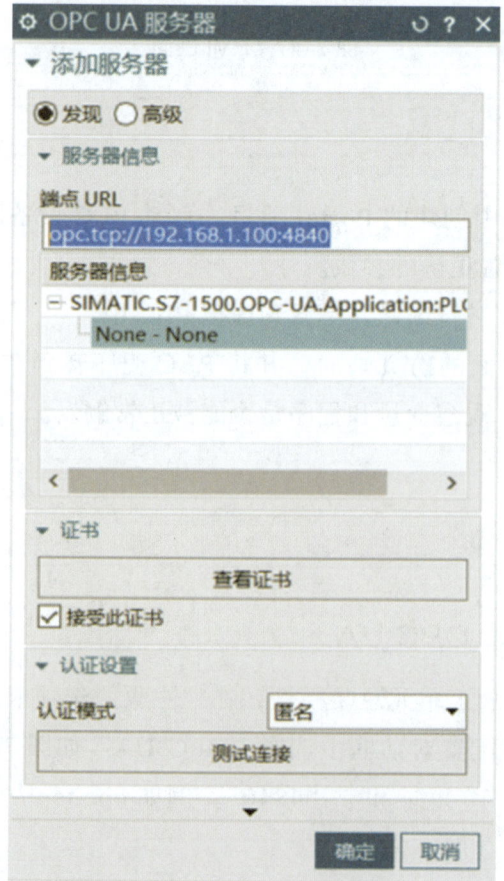

图 7-19 输入服务器 IP 地址

勾选与 PLC 连接的信号，如图 7-20 所示。

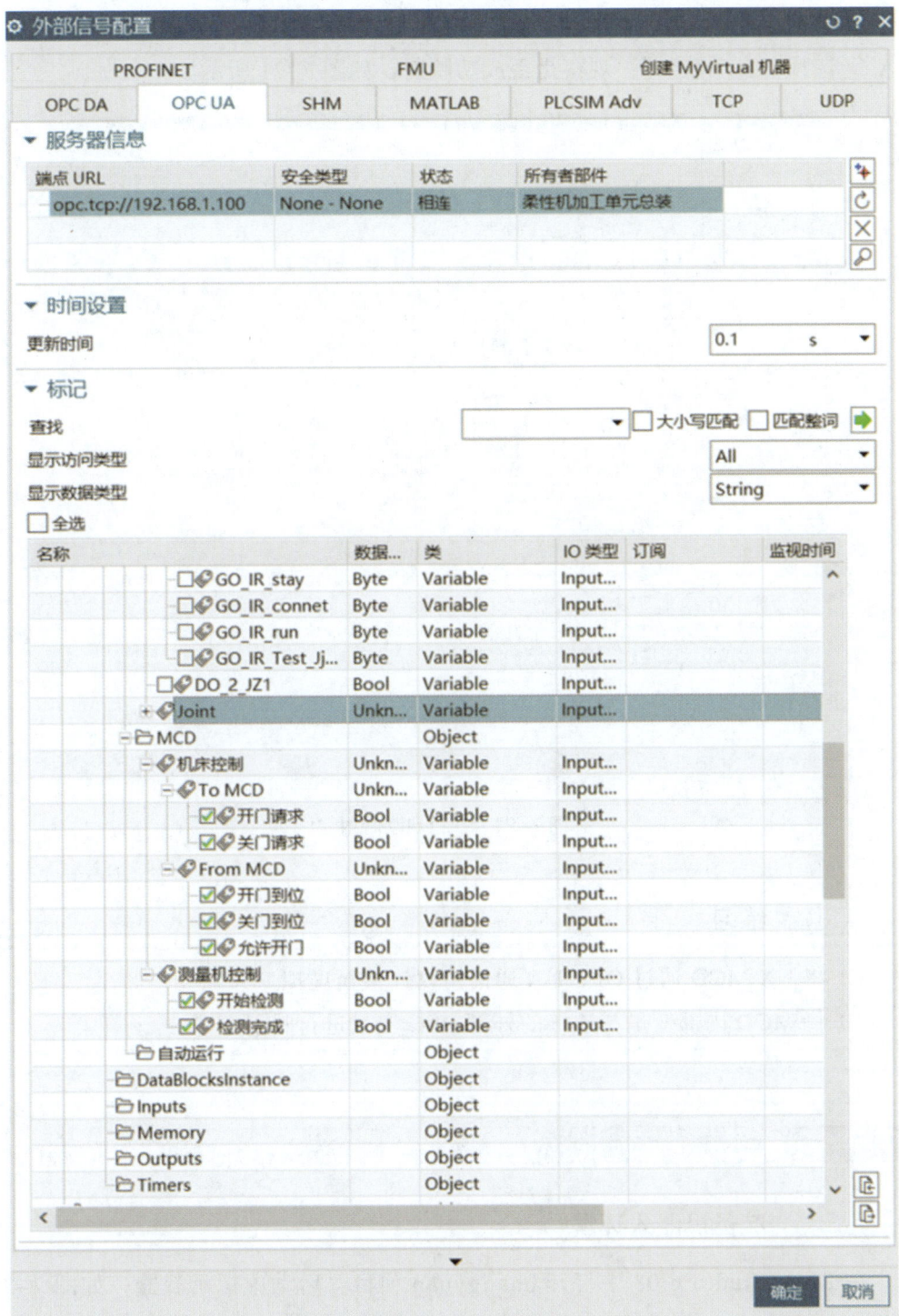

图 7-20　勾选与 PLC 连接的信号

7.2.2　NX 信号映射

在"自动化"下找到信号映射，打开信号映射对话框，类型选择"OPC UA"，选择"自动映射"，观察是否成功映射，如图 7-21 所示。

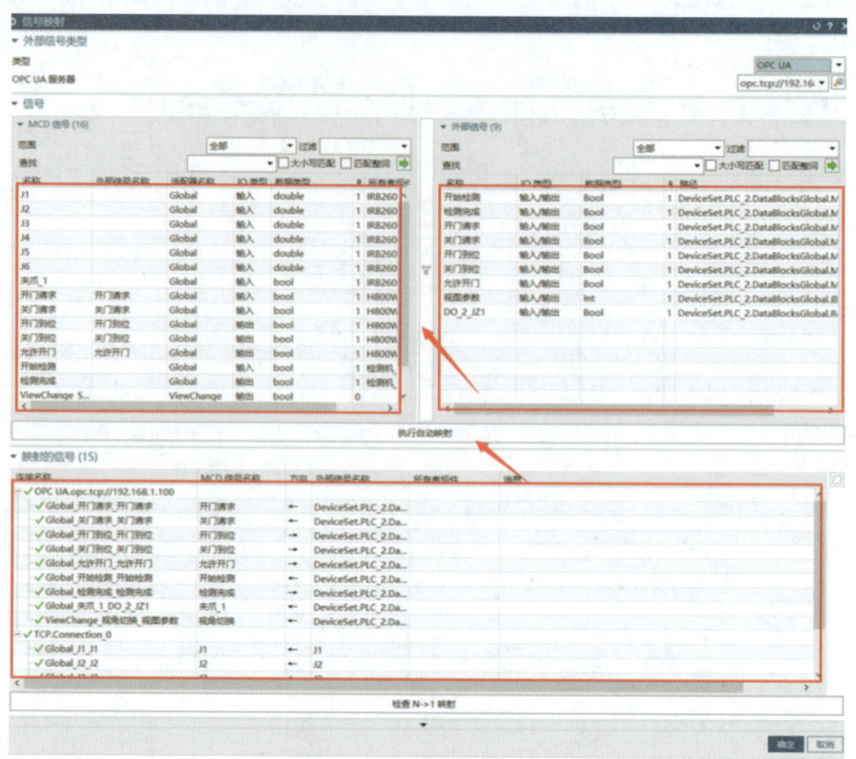

图 7-21　执行自动映射

7.2.3　练习

1）将 NX MCD 通过 OPC UA 通信协议连接至虚拟 PLC。

2）将 MCD 内部变量与连接的外部 PLC 变量进行映射互联。

任务 7.3　机器人准备调试

7.3.1　准备机器人环境

在 RobotStudio 6.08 中打开 huangyuan 项目，启动虚拟示教器，如图 7-22 所示。

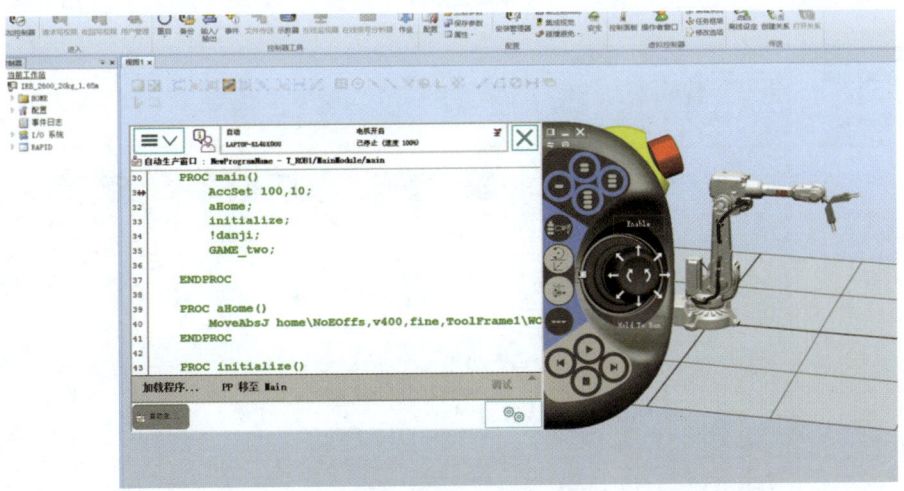

图 7-22 启动虚拟示教器

7.3.2 RS 中间件

以管理员身份运行 RS_VC.exe 文件，选择"ABB"，在 PLC 配置中输入 PLC 的 IP 地址，点击"机器人扫描"或者导入提供的机器人信号表，点击"启动通讯"，如图 7-23 和图 7-24 所示。

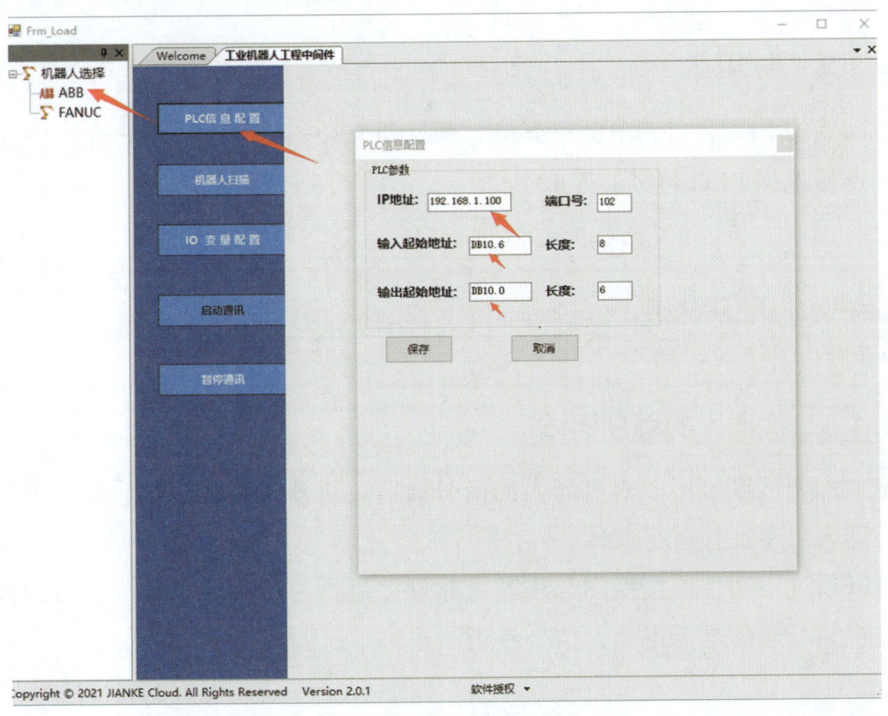

图 7-23 配置 PLC IP 地址

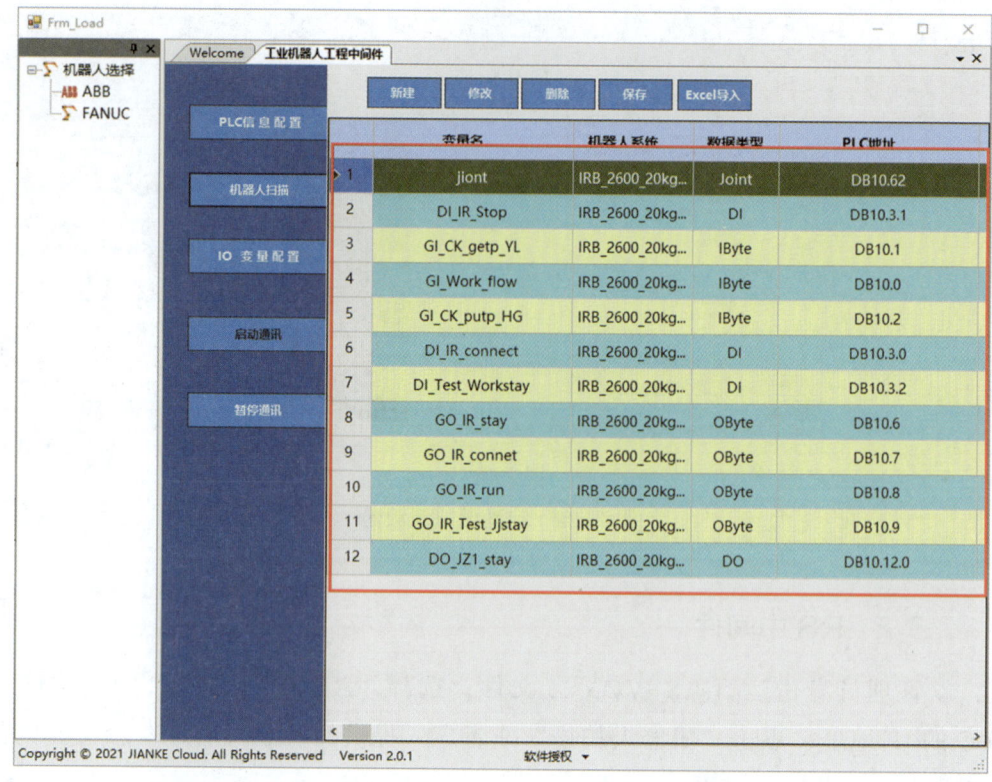

图 7-24 机器人 I/O 变量扫描

7.3.3 练习

启动虚拟 PLC，打开 RobotStudio 项目和 RS 中间件，配置正确的 IP 地址和变量，连接虚拟 PLC 与机器人 I/O。

任务 7.4 虚拟调试

7.4.1 机器人的程序调试

该虚拟调试系统可以对机器人的信号通信、机器人路径规划、机器人编程逻辑、机器人工序选择进行调试。

可以通过中间件连接博图与机器人软件之后，可以强制机器人信号或博图信号，监视信号通信是否正确，信号是否一一对应，如图 7-25 所示。

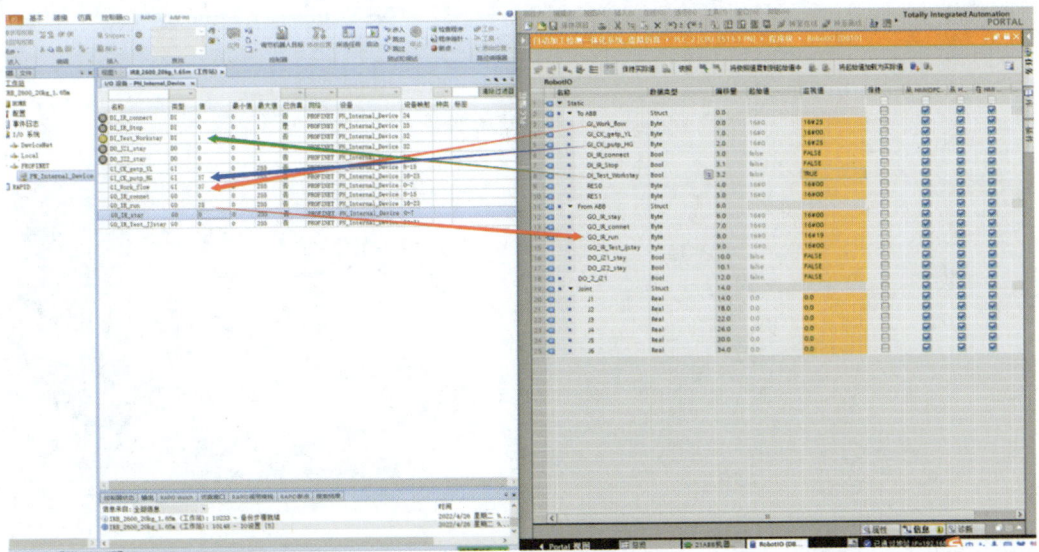

图 7-25　信号检测

可在 NX 中查看机器人路径规划，判断路径是否有碰撞或者干扰，以此来优化路径点位和运动指令，如图 7-26 所示。

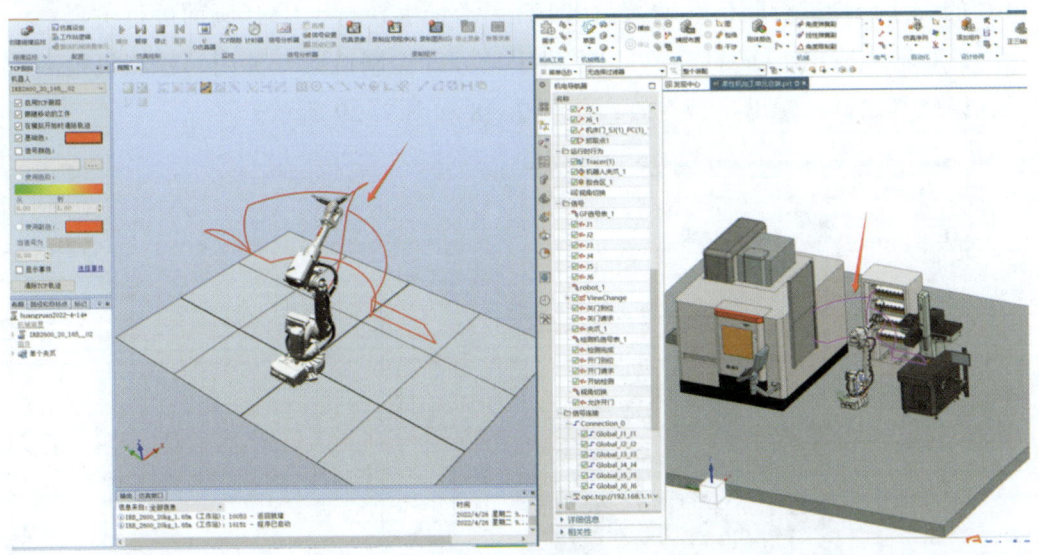

图 7-26　路径优化

通过示教器对机器人程序进行编程调试、速度的优化，判断条件是否合理，在需要加延时的地方加延时，如图 7-27 所示。

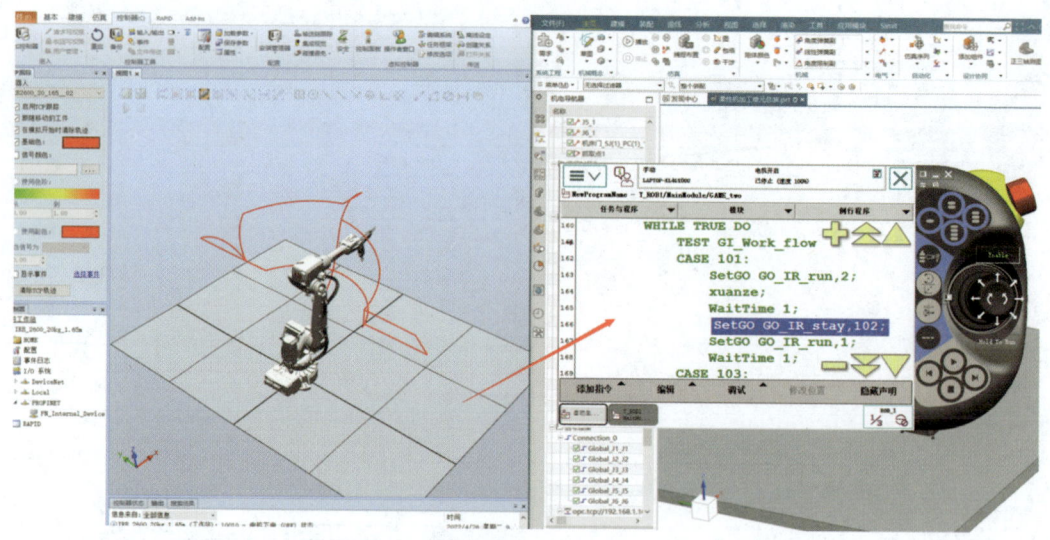

图 7-27 程序编程

7.4.2 PLC 调试

对于 PLC 调试来说，主要是编程的逻辑性，可以通过该虚拟调试系统对 PLC 的程序结构进行验证、输入输出 I/O 是否能够执行、HMI 画面进行仿真。

针对输入输出 I/O 对应，可以通过手动方式控制机床开关门、检测机检测信号，以此判定输入输出是否有效，如图 7-28 和图 7-29 所示。

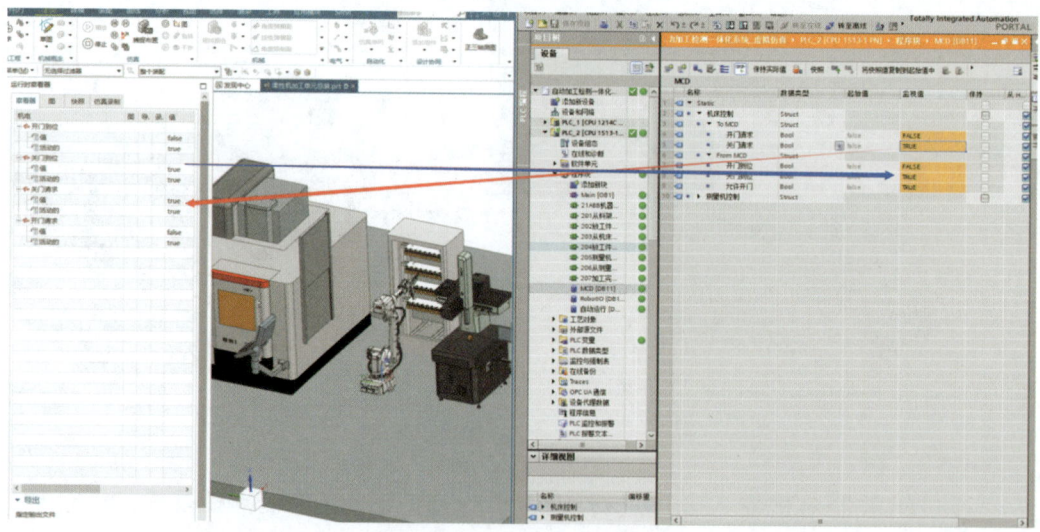

图 7-28 手动控制机床关门

138　智能产线单机、单元仿真与调试

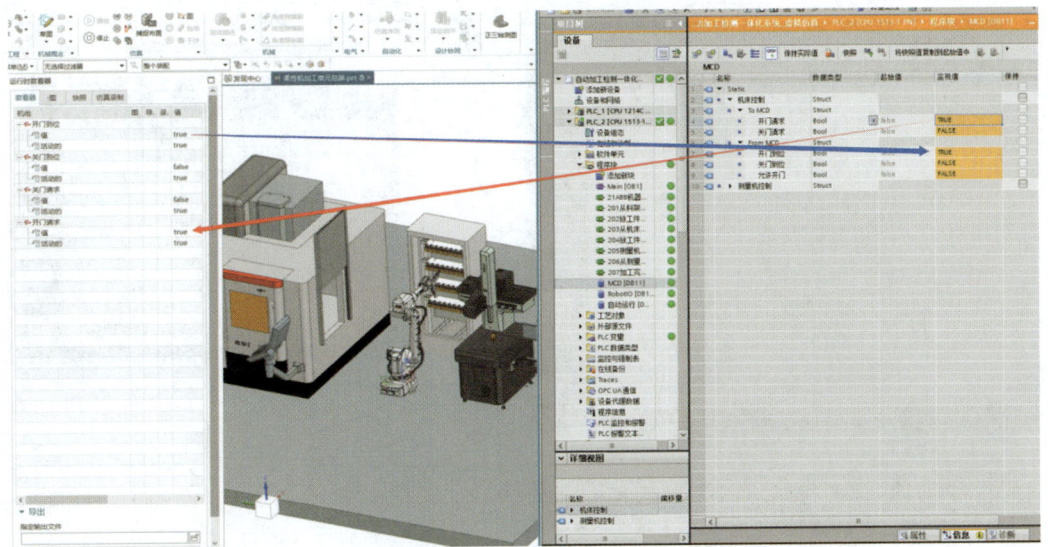

图 7-29　手动控制机床开门

针对 PLC 的程序结构，对整体程序结构进行验证，如图 7-30 所示。

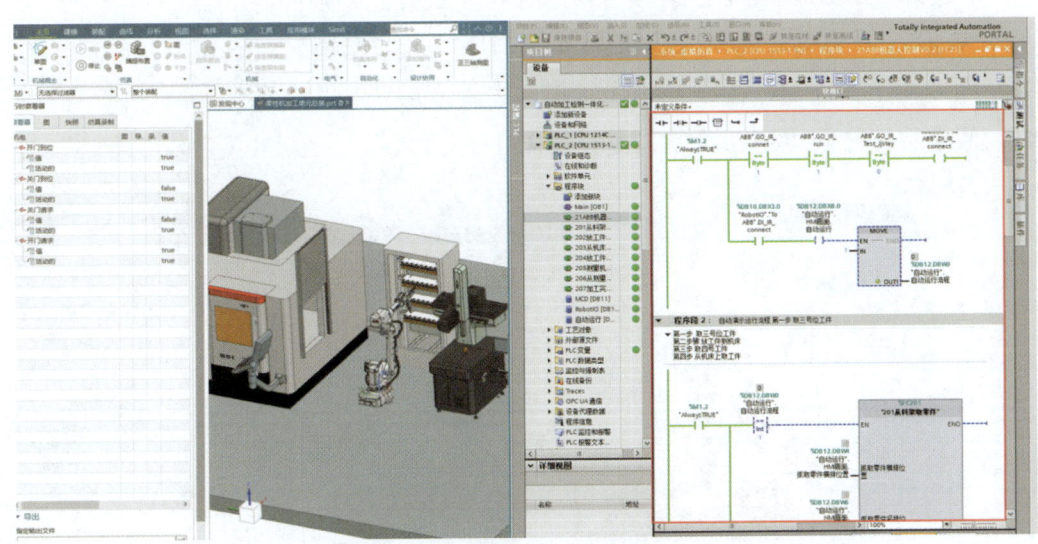

图 7-30　PLC 程序结构验证

可以仿真 HMI 画面，将一些机器人状态和信号反馈到 HMI 上，便于展示和启动，如图 7-31 所示。

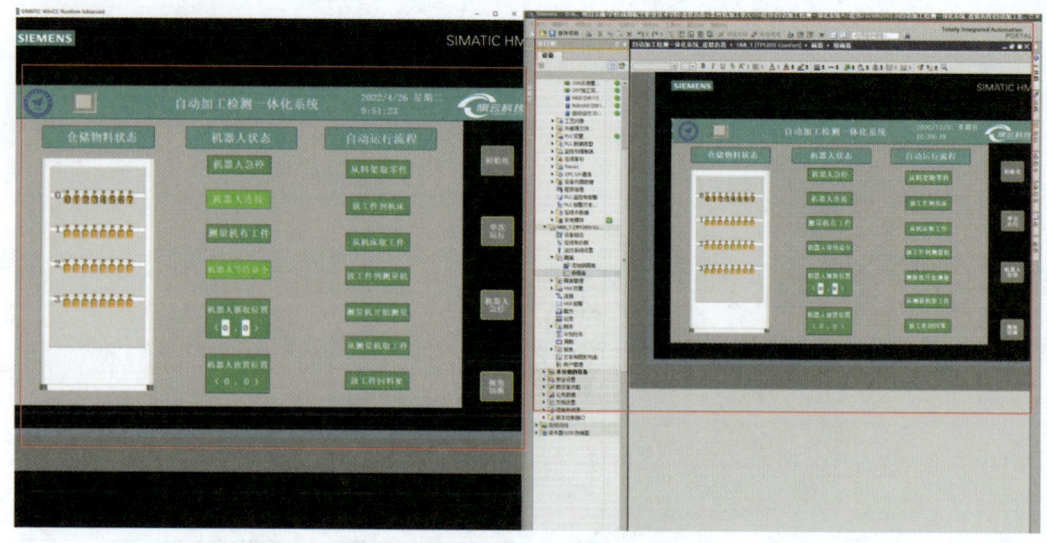

图 7-31 HMI 仿真

7.4.3 MCD 仿真

MCD 中具有物理属性定义，只要将物体定义为刚体后，若没有运动副或约束，刚体由于受到重力因素往该场景中的大地方向坠落，以此达到真实效果。同时，两个物体之间也存在碰撞关系，如图 7-32 所示。

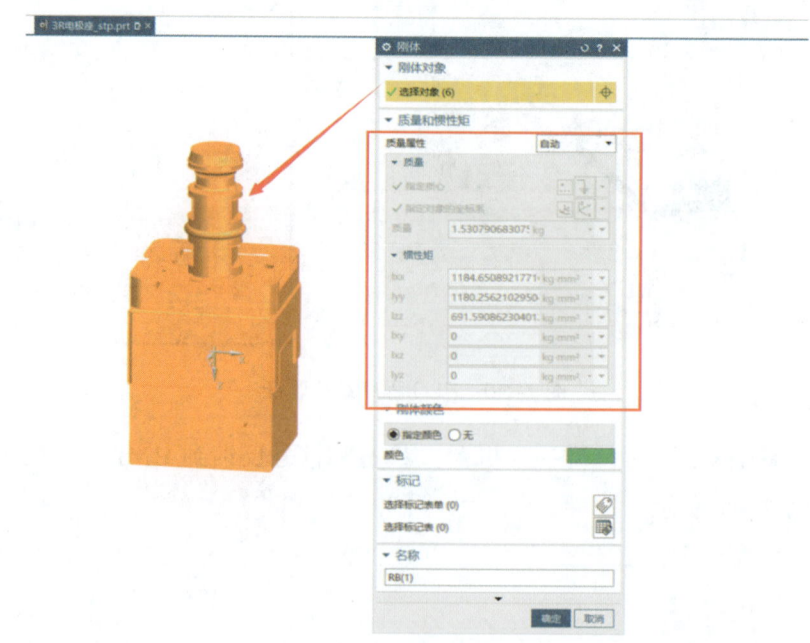

图 7-32 刚体定义

7.4.4 最终效果

最终虚拟仿真如图 7-33 所示，左侧由机器人组成；右侧由 MCD 与 TIA 组成。该虚拟仿真同时集合了工程领域的上下游（机械、电气），加快了设计开发速度，使得机械电气能够协同合作打破传统的机械、电气、自动化的串行设计，将多个学科和软件集成在一起，解决了多学科协同合作的问题，消除了电气、机械和自动化工程师之间的障碍。

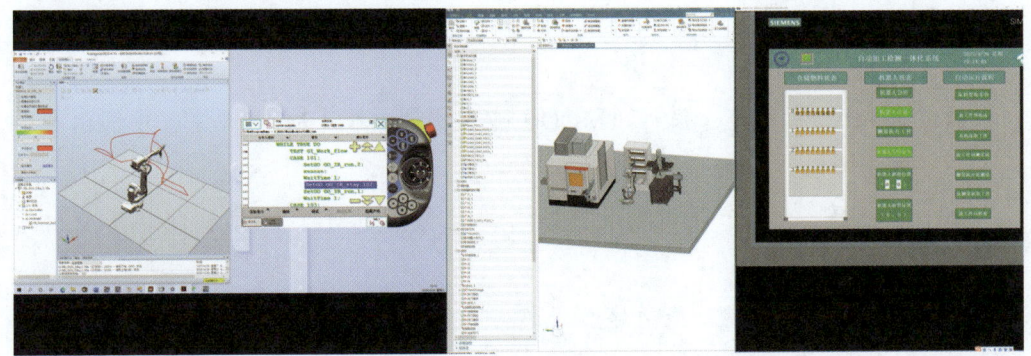

图 7-33　最终虚拟仿真

参考文献

[1] 陈岁生. 智能制造单元集成调试与应用[M]. 北京：高等教育出版社，2020.

[2] 郑维民. 智能制造数字孪生机电一体化工程与虚拟调试[M]. 北京：机械工业出版社，2020.

[3] 孟庆波. 生产线数字化设计与仿真（NX MCD）[M]. 北京：机械工业出版社，2020.

[4] 黄文汉. 机电概念设计（MCD）应用实例教程[M]. 北京：中国水利水电出版社，2022.

[5] 于征磊. 智能产线数字化建模与工艺仿真[M]. 北京：化学工业出版社，2023.

[6] 羊荣金. 智能生产线数字化设计与仿真PLC MCD[M]. 北京：机械工业出版社，2023.

[7] 郑魁敬. 机器人自动化集成系统设计及实例精解（NX MCD）[M]. 北京：化学工业出版社，2022.